工业和信息化
人才培养规划教材
Industry And Information
Technology Training
Planning Materials

智 能 楼 宇 系 列

楼宇安防技术
项目实训教程

Building Security
Technology

姚卫丰 ◎ 主编

贾晓宝 周丽红 邱孝扬 ◎ 副主编

U0248313

人民邮电出版社
北 京

图书在版编目（CIP）数据

楼宇安防技术项目实训教程 / 姚卫丰主编. -- 北京：
人民邮电出版社，2014.8（2021.9重印）
工业和信息化人才培养规划教材. 智能楼宇系列
ISBN 978-7-115-34470-0

Ⅰ. ①楼… Ⅱ. ①姚… Ⅲ. ①智能化建筑－安全设备
－高等职业教育－教材 Ⅳ. ①TU89

中国版本图书馆CIP数据核字(2014)第031246号

内 容 提 要

本书以某智能小区为例，全面介绍了楼宇安防项目的实施过程。本书按照小区安全防范系统规划
将楼宇安防系统分为防盗报警系统、闭路电视监控系统、可视对讲与门禁控制系统和停车场管理系统
这四大部分，通过 14 个任务向读者阐述了各安全防范系统的基本功能，详细介绍完成各个任务所需的
知识和实训步骤，并给每个任务配置了实训项目单。

本书适合作为楼宇智能化工程技术、电气自动化、建筑电气、空调等专业相关课程的教材，也可
供楼宇安防技术从业人员参考。

◆ 主　　编　姚卫丰
　　副 主 编　贾晓宝　周丽红　邱孝扬
　　责任编辑　桑　珊
　　责任印制　焦志炜

◆ 人民邮电出版社出版发行　　北京市丰台区成寿寺路 11 号
　　邮编　100164　电子邮件　315@ptpress.com.cn
　　网址　http://www.ptpress.com.cn
　　固安县铭成印刷有限公司印刷

◆ 开本：787×1092　1/16
　　印张：14.75　　　　　　　　2014 年 8 月第 1 版
　　字数：365 千字　　　　　　 2021 年 9 月河北第 6 次印刷

定价：37.00 元
读者服务热线：(010)81055256　印装质量热线：(010)81055316
反盗版热线：(010)81055315

前 言 PREFACE

楼宇安防是智能建筑工程技术人员、电气工程技术人员、自动控制系统工程技术人员的典型工程项目，是智能建筑高技能人才必须具备的基本技能，是高职、高专楼宇智能化工程技术、电气自动化、建筑电气、空调等专业的一门重要的专业基础课程。

目前，大多数安全防范技术方面的书籍、教材均以介绍系统设计、安装及维护为主，对安防各子系统实训的阐述很少。2005 年国家新增的职业工种"智能楼宇管理师"以及 2012 年深圳市人力资源与社会保障局新增的"楼宇安防技术师"专项能力证书均对安全防范系统的实训提出了新的要求。

本书以某智能小区为例，按照小区安全防范系统规划确定了四大系统，14 个任务。以任务驱动为导向，向读者阐述了各安全防范系统的基本功能，尤其详细介绍完成各个任务所需的知识、实训步骤等，并给每个任务配置了实训项目单。

通过 5 个项目，14 个任务的学习和训练，读者不仅能掌握楼宇安防技术的基础知识、施工图纸的识读和绘制方法，而且能熟悉各个安防子系统的配置、调试及故障排查方法。

本书的参考学时为 48～54 学时，建议采用理论实践一体化的教学模式。各项目的参考学时见下面的学时分配表。建议采用形成性考核方式，包含每个任务实训成绩（占60%）、每个任务项目单（占 20%）、考勤（占 10%）和课堂回答问题（占 10%）。若实训设备台套数不够，建议 5 个项目同时开展，再轮换。

学时分配表

项目	课程内容	学时
项目一	楼宇安防技术项目概述	1～2
项目二	防盗报警系统	12～10
项目三	闭路电视监控系统	14～17
项目四	可视对讲与门禁控制系统	11～13
项目五	停车场管理系统	10～12
课时总计		48～54

本书由姚卫丰任主编，贾晓宝、周丽红、邱孝扬任副主编。姚卫丰编写了项目一、项目二，贾晓宝编写了项目三、项目四，邱孝扬编写了项目五，周丽红负责本书所有图表的编辑与绘制。本书编写过程中得到了深圳普泰科技开发有限公司的大力支持，在此表示感谢！

由于编者水平和经验有限，书中难免有欠妥和错误之处，恳请读者批评指正。

编者

2013 年 11 月

目 录 CONTENTS

项目四　可视对讲与门禁控制系统　153

项目五　停车场管理系统　181

附录 A　中华人民共和国公共安全行业标准安全防范系统通用图形符号　215

附录 B　系统管线图的图形符号　227

一、建筑智能化系统

智能建筑（Intelligent Building，IB）概念在 20 世纪末诞生于美国。美国智能建筑学会定义"智能建筑是对建筑的结构、系统、服务和管理这 4 个基本要素进行优化，使其为用户提供一个高效且具有经济效益的环境"。在我国，智能建筑被广泛接受的描述性定义是：通过对建筑物的结构、系统、服务和管理 4 个基本要素，以及它们之间的内在联系，如图 1-1 所示，进行最优化的设计，采用最先进的 4C 技术（Computer Technology、Control Technology、Communication Technology、CRT Technology），建立计算机网络集成管理系统，提供一个投资合理又拥有高效率的、幽雅舒适、便利快捷、高度安全的环境空间。

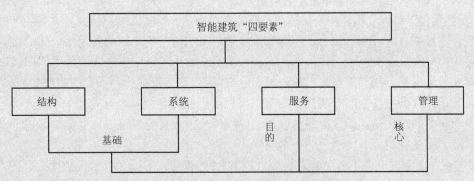

图 1-1　智能建筑 4 个基本要素及其相互关系示意图

智能建筑管理系统（Inteligent Building Management System，IBMS）由五大系统组成：楼宇自动化系统（Building Automation System，BAS）、安全防范自动化系统（Security Automation System，SAS）、火灾报警自动化系统（Fire Automation System，FAS）、办公自动化系统（Office Automation System，OAS）和通信自动化系统（Communication Automation System，CAS），如图 1-2 所示。楼宇自动化系统、安防防范自动化系统、火灾报警自动化系统和办公自动化系统经由通信自动化系统实现系统、设备、功能和信息的集中，实现建筑内部数据、语音、图像等信息的传输和交流，实现智能建筑与外部公共数据网、信息网（如 Internet 等）的互连，与世界各地互通信息，为各种服务提供支持环境。

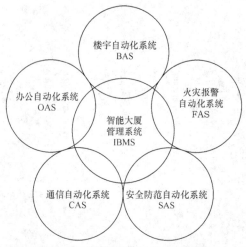

图1-2　智能建筑系统组成示意图

二、安全防范系统的概念

随着人们生活水平的提高和居住环境的改善，人们对住宅小区和大厦安全性的要求也日益迫切。安全性已成为现代建筑质量标准中非常重要的一个方面。智能小区安全防范系统是以保障居民安全为目的而建立起来的技术防范系统。它采用现代技术使人们及时发现入侵破坏行为，产生声光报警阻吓罪犯，实录事发现场图像和声音以提供破案凭证，并提醒值班人员采取适当的防范措施。加强建筑安全防范设施的建设和管理，提高住宅安全防范功能，是当前城市建设和管理工作中的重要内容。

"安全防范"简称安防，是公安保卫系统的专门术语，是指以维护社会公共安全为目的的防入侵、防被盗、防破坏、防火、防爆和安全检查等措施。为了达到防入侵、防被盗、防破坏等目的，采用以电子技术、传感器技术和计算机技术为基础的安全防范技术的器材设备，将其构成一个系统。由此应运而生的安全防范技术正逐步发展成为一项专门的公安技术学科。安全防范是社会公共安全的一部分，安全防范行业是社会公共安全行业的一个分支。

安全防范的定义是：做好准备与保护，以应付攻击或避免受害，从而使被保护对象处于没有危险、不受威胁、不出事故的安全状态。

安全技术的基本内容包括：预防性安全技术（例如防盗、防火等）和保护性安全技术（例如噪声治理、放射性防护等），以及制定和完善安全技术规范、规定、标准和条例等。

安全防范技术属于预防性安全技术，可以理解为预防对身体、生命及贵重物品有刑事犯罪危险的若干技术措施。这些技术措施包括防盗报警、出入口控制（即门禁控制）、电视监控、访客对讲、电子巡更、停车场车辆管理等。

就防范手段而言，安全防范系统包括人力防范（简称人防）、实体（物）防范（简称物防）和技术防范（简称技防）三个范畴，如图1-3所示。

图1-3　安全防范系统技术组成

人防：即人力防范，是指能迅速到达现场处理警情的保安人员。

物防：即物理防范或称实体防范，它是由能保护防护目标的物理设施（如防盗门、窗、铁柜）构成，主要作用是阻挡和推迟罪犯作案，其功能以推迟作案的时间来衡量。

技防：即技术防范，它是由探测、识别、报警、信息传输、控制、显示等技术设施所组成，其功能是发现罪犯，迅速将信息传送到指定地点。

其中人防和物防是传统防范手段，它们是安全防范的基础。随着科学技术的不断进步，这些传统的防范手段也被不断融入新的科技内容。技术防范的概念是在近代科学用于安全防范领域并逐步形成一种独立防范手段的过程中所产生的一种新的防范概念。随着现代科学技术的不断发展和普及应用，技防越来越为警察执法部门和社会公众认可和接受，已成为使用频率很高的一个新词汇，技防的内容也随着科学进步而不断更新。

安全防范的三个基本要素是探测、延迟与反应。探测（Detection）是指感知显性和隐性风险事件的发生并发出报警；延迟（Delay）是指延长和推延风险事件发生的进程；反应（Response）是指组织力量为制止风险事件的发生所采取的快速行动。在安全防范的三个基本手段中，要实现防范的最终目的，就要围绕探测、延迟、反应这三个基本防范要素开展工作、采取措施，以预防和阻止风险事件的发生。

总之，一个安全防范系统是否有效是由人防、物防、技防的有机结合决定的。三者是否有机结合关键在"管理"。仅有对一个安全防范系统的精心设计、精心施工还不够，还必须在建成后进行严格管理和维护，才能保证安全防范系统的有效性。

安全防范系统的作用体现在，在物防措施推迟的作案时间之内，技防措施能及时发现并迅速将信息传到控制中心，处警人员能迅速赶到现场处理警情，技防措施还能有效记录现场情况为破案提供证据。系统主要指标是"时间"，在设计和管理中要以"时间"为中心。物防措施并不是越坚固越好，而应以处警人员能到达现场的时间为设计依据；技防措施也不是越灵敏越好，而应以减少误报又不漏报为设计依据（误报是报警系统最难解决的问题）。

三、安全防范系统的组成

智能化建筑作为 21 世纪的"新宠"，有其自身的要求。根据建设部规定，目前对智能化住宅小区、智能化大厦有 6 项要求，即设立计算机自动化管理中心；水、电、气等自动计量、收费；住宅小区、大厦封闭，实行安全防范系统自动化监控管理；住宅、大厦的火灾、有害气体泄漏实行自动报警；住宅设置楼宇对讲和紧急呼叫系统；对住宅小区、大厦等关键设备、设施实行集中管理，对其运作状态实施远程监控。智能化住宅小区、智能化大厦的系统结构图如图 1-4 所示。

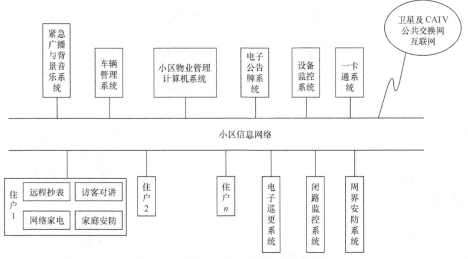

图 1-4　智能化小区（大厦）系统结构图

智能化小区、大厦一般包括以下系统。

（1）视频监控系统。

（2）电子巡更系统。

（3）三表自动抄集系统。

（4）LED 信息发布系统。

（5）车辆管理系统。

（6）广播/背景音乐系统。

（7）小区、大厦室内防盗报警系统。

（8）周界报警系统。

（9）出入口控制系统（含访客对讲系统和门禁系统）。

（10）物业管理系统。

（11）电梯系统。

（12）综合布线系统。

（13）给排水系统。

（14）供配电系统。

（15）暖通空调系统。

其中，属于安全防范系统的有以下几个系统，如图 1-5 所示。

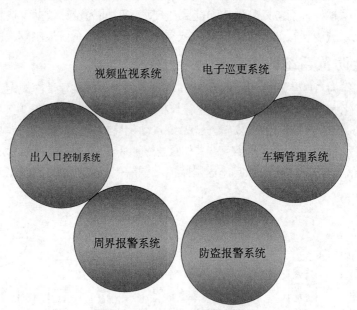

图 1-5　安全防范系统的组成

视频监视系统：是指在重要的场所安装摄像机，它提供了利用眼睛直接监视建筑内外情况的手段，使保安人员在控制中心可以监视整个大楼内外的情况，从而大大加强了保安的效果。

电子巡更系统：是管理者考察巡更者是否在指定时间按巡更路线到达指定地点的一种手段。巡更系统帮助管理者了解巡更人员的表现，而且管理人员可通过软件随时更改巡逻路线，以配合不同场合的需要。可同时保障保安人员的以及小区、大厦的安全。

停车场管理系统：是指实现汽车出入口通道管理，停车计费，车库内外行车信号指示，库内车位空额显示诱导等功能的系统。

防盗报警系统：是用探测装置对建筑内重要地点和区域进行布防，在探测到有非法侵入时，及时向有关人员示警。

周界报警系统：主要通过设置在被保护区周界（或围墙）上的检测装置（如红外收发器、振动传感器、接近感应线等），来发现或防止非法入侵者企图跨越周界。这样利用周界报警系统就可实施对场区的封闭式保护。

出入口控制系统包括访客对讲系统和门禁系统。**访客对讲系统**：是指在高层住宅楼或居住小区，设置的能为来访客人与居室中的人们提供双向通话或可视通话和住户遥控入口大门的电磁开关，既具有向安保管理中心紧急报警的功能，也可向"110"报警的对讲系统。**门禁系统**：就是对建筑物内外正常的出入通道进行控制管理，并指导人员在楼内及其相关区域活动的系统。

智能小区、智能大厦安全防范系统的设计一般采用"层次设防"的措施，必备的三道防线如图1-6所示，也有将这三道防线具体细化成五道防线的，具体描述如下。

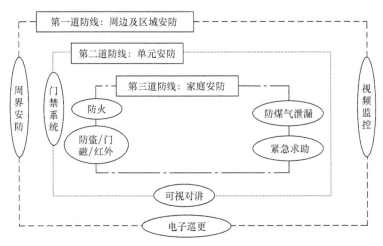

图1-6 智能小区（大厦）安全防范系统的防线

第一道防线：周界报警系统。 为"周界"如高墙、栅栏等加装电子周界防范报警设施，如振动电缆、泄漏电缆、主动红外等，一旦有人破坏或穿越时能及时发出报警信息，提醒值班人员，值班人员根据电子地图所显示的报警部位，通过无线电台，呼叫就近的巡逻人员前往处置。因此，这一道防线的目的是把罪犯排除在所防卫区域之外。

第二道防线：闭路电视监控系统。 在住宅小区或大厦的大门和停车场（库）出入口、电梯轿厢及小区、大厦内主要通道处，安装闭路电视监控系统，并实行24小时的监视及录像。监控中心的人员通过视频画面可以随时调看各通道的情况，并可为警方提供有价值的图像证据资料。

第三道防线：电子巡更系统。 在整个小区（大厦）的房前屋后、绿化地带、走道各处均合理、科学设置电子巡更系统的记录装置。记录装置能详细、准确地记录巡逻人员每一次巡更到该装置点的时间，"铁面无私"地监督每一位巡更人员按预定的巡更线路和时间间隔完成巡更任务，有效保证了巡更人员在规定的时间内到达小区任何位置的报警点。

第四道防线：出入口控制系统。 在小区的出入口、住宅楼栋口、每个楼宇入口铁门处安装可视对讲系统，当访客者来到小区的出入口时，由物业保安人员呼叫被访用户，确认有人在家并由住户确认访客身份后，访客者方能进入小区。进入小区后，访客者需在楼栋口按被访者的户室号，通过与主人对讲认可后，主人通过遥控方式开启底层电控防盗门锁，访客者方能进入楼栋。该对讲装置与小区监控中心连网，随时可取得联系。

第五道防线：防盗报警系统。住宅小区（大厦）内每户居民（或办公室）都安装防盗报警联网终端设备，阳台、窗户、室内均安装各类探测器，一旦有人非法入侵，控制中心能立即显示报警部位，以便保安人员迅速赶往报警点处置。同时，室内还安装有紧急按钮，用户一旦遇到险情或其他方面的紧急情况，可按紧急按钮求助，求助信息直接传递到控制中心。控制中心还可与公安"110"报警中心实现联网。

四、安全防范系统的要求

以智能小区为例，国家标准 GB31/294–2010 对住宅小区安全防范系统做了细致明确的要求。

1．系统技术要求

（1）安全技术防范系统应与小区的建设综合设计，同步施工，独立验收，同时交付使用。

（2）小区安全技术防范工程程序应符合 GA/T 75 的规定，安全防范系统的设计原则、设计要素、系统传输与布线，以及供电、防雷与接地设计应符合 GB 50348—2004 的相关规定。

（3）安全技术防范系统中使用的设备和产品，应符合国家法律法规、现行强制性标准和安全防范管理的要求，并经安全认证、生产登记批准或型式检验合格。

（4）小区安全技术防范系统的设计宜同本市监控报警连网系统的建设相协调、配套，作为社会监控报警接入资源时，其网络接口、性能要求应符合 GA/T 669.1 等相关标准要求。

（5）各系统的设置、运行、故障等信息的保存时间应≥30d。

2．安全技术防范系统基本配置

住宅小区安全技术防范系统的基本配置应符合表 1-1 的规定。

表 1-1　住宅小区安全技术防范系统的基本配置

序号	项目	设施	安装区域或覆盖范围	配置要求
1	周界报警系统	入侵探测装置	小区周界（包括围墙、栅栏、与外界相通的河道等）	强制
2			不设门卫岗亭的出入口	强制
3			与住宅相连，且高度在 6m 以下（含 6m），用于商铺、会所等功能的建筑物（包括裙房）顶层平台	强制
4			与外界相通用于商铺、会所等功能的建筑物（包括裙房），其与小区相通的窗户	推荐
5		控制、记录、显示装置	监控中心	强制
6	视频安防监控系统	彩色摄像机	小区周界	推荐
7			小区出入口【含与外界相通用于商铺、会所等功能的建筑物（包括裙房），其与小区相通的出入口】	强制
8			地下停车库出入口（含与小区地面、住宅楼相通的人行出入口）、地下机动车停车库内主要通道	强制

序号	项目	设施		安装区域或覆盖范围	配置要求
9	视频安防监控系统	彩色摄像机		地面机动车集中停放区	强制
10				别墅区域机动车主要道路交叉路口	强制
11				小区主要通道	推荐
12				小区商铺、会所与外界相通的出入口	推荐
13				住宅楼出入口【4户住宅（含）以下除外】	强制
14				电梯轿厢【2户住宅（含）以下或电梯直接进户的除外】	强制
15				公共租赁房各层楼梯出入口、电梯厅或公共楼道	强制
16				监控中心	强制
17		控制、记录、显示装置		监控中心	强制
18	出入口控制系统	楼宇（可视）对讲系统	管理副机	小区出入口	强制
19			对讲分机	每户住宅	强制
20				多层别墅、复合式住宅的每层楼面	强制
21				监控中心	推荐
22			对讲主机	住宅楼栋出入口	强制
23				地下停车库与住宅楼相通的出入口	推荐
24			管理主机	监控中心	强制
25		识读式门禁控制系统	出入口凭证检验和控制装置	小区出入口	推荐
26				地下停车库与住宅楼相通的出入口	强制
27				住宅楼栋出入口、电梯	推荐
28				监控中心	强制
29			控制、记录装置	监控中心	强制
30	室内报警系统	入侵探测器		装修房的每户住宅（含复合式住宅的每层楼面）	强制
31				毛坯房一、二层住宅，顶层住宅（含复合式住宅每层楼面）	强制
32				别墅住宅每层楼面（含与住宅相通的私家停车库）	强制
33				与住宅相连，且高度在6m以下（含6m），用于商铺、会所等功能的建筑物（包括裙房）顶层平台上一、二层住宅	强制
34				水泵房和房屋水箱部位出入口、配电间、电信机房、燃气设备房等	强制

序号	项目	设施	安装区域或覆盖范围	配置要求
35	室内报警系统	入侵探测器	小区物业办公场所，小区会所、商铺	推荐
36		紧急报警（求助）装置	住户客厅、卧室及未明确用途的房间	强制
37			卫生间	推荐
38			小区物业办公场所，小区会所、商铺	推荐
39			监控中心	推荐
40		控制、记录、显示装置	安装入侵探测器的住宅	强制
41			多层别墅、复合式住宅的每层楼面	强制
42			小区物业办公场所，小区会所、商铺	推荐
43			监控中心	强制
44	电子巡查系统	电子巡查钮	小区周界、住宅楼周围，地下停车库，地面机动车集中停放区，水箱（池），水泵房、配电间等重要设备机房区域	强制
45		控制、记录、显示装置	监控中心	强制
46	实体防护装置	电控防盗门	住宅楼栋出入口（别墅住宅除外）	强制
47		内置式防护栅栏	商铺、会所（包括裙房）等建筑物作为小区周界的，建筑物与小区相通的一、二层窗户	强制
48			住宅楼栋内一、二层公共区域与小区相通的窗户	强制
49			与小区相通的监控中心窗户	推荐
50			与小区外界相通的监控中心窗户	强制

注：表中"强制"的意思是指新建住宅在设计时必须将其设计好，并和建筑主体一起施工、验收，否则将不能通过相关部门的验收。"推荐"的意思是指新建住宅在设计和施工时可以给予适当考虑，参照该标准来进行建设，但不是强制性的。

五、工程项目简介

本教程以某一智能化小区安全防范系统工程项目为例，通过模拟该小区安全防范系统的安装、调试等典型工作任务的完成，使读者掌握安全防范技术的精髓。

该小区平面图如图 1-7 所示，小区拥有 18 层住宅大楼 6 栋（每栋分 A、B 单元），2 个别墅区共有 20 栋联排别墅。每栋住宅 A、B 单元均只有一个出入口，每个别墅区有一个出入口，小区有 2 个出入口（1 个东门出入口，1 个西门出入口）。小区安防系统包括：防盗报警系统、视频监控系统、出入口控制系统（含可视对讲与门禁系统）、停车场管理系统、周界防范系统、电子巡更系统等。该小区具备完整的安全防范系统，为小区住户提供了一个安全、舒适、便利的现代生活环境。

三栋
A单元
B单元
二栋
A单元
B单元
一栋
A单元
B单元
五栋
四栋
A单元
B单元
A单元
B单元
六栋
A单元
B单元
别墅区
别墅区

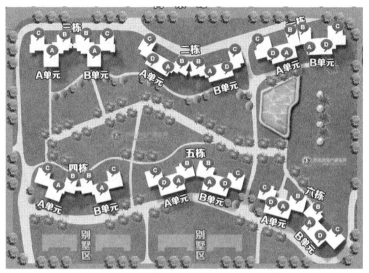

图 1-7 小区平面图

六、训练任务

本书以上述智能化小区项目为案例，以小区所涉及的防盗报警系统、视频监控系统、对讲与门禁系统设计与实施、停车场管理系统等系统的典型工程任务作为教学任务，训练专业学生建筑智能化安防技术的设计与实施能力。如图 1-8 所示，主要训练内容如下。

1. 学习为小区管理处配置防盗报警系统管理计算机，并可在管理计算机上查看各家的报警情况；学习为每家配置防盗报警系统主机、各类探测器，并可自行布防撤防。

2. 学习为小区管理处配置对讲与门禁主机及管理计算机，并可在管理计算机上查看各家访客来往情况；学习为每家配置对讲分机，并可实现与门口机、管理中心的三方通话。

3. 学习为小区配置视频监控系统，为小区电梯、花园、各出入口、停车场、会所配置摄像头，实现 24 小时闭路电视监控。

4. 学习为小区配置停车场管理系统，实现两个停车场出入口可刷卡进出。

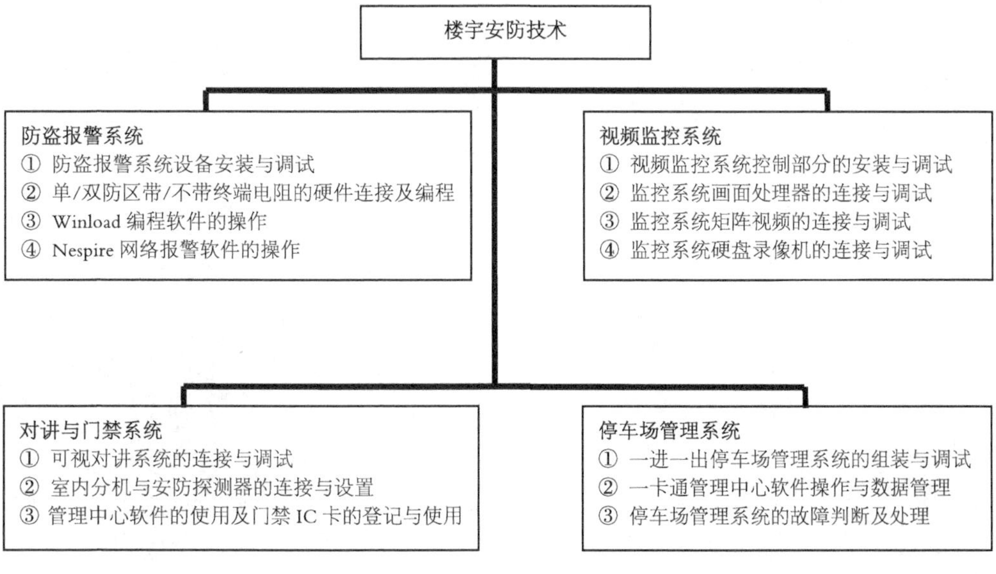

楼宇安防技术
防盗报警系统
① 防盗报警系统设备安装与调试
② 单/双防区带/不带终端电阻的硬件连接及编程
③ Winload 编程软件的操作
④ Nespire 网络报警软件的操作
视频监控系统
① 视频监控系统控制部分的安装与调试
② 监控系统画面处理器的连接与调试
③ 监控系统矩阵视频的连接与调试
④ 监控系统硬盘录像机的连接与调试
对讲与门禁系统
① 可视对讲系统的连接与调试
② 室内分机与安防探测器的连接与设置
③ 管理中心软件的使用及门禁 IC 卡的登记与使用
停车场管理系统
① 一进一出停车场管理系统的组装与调试
② 一卡通管理中心软件操作与数据管理
③ 停车场管理系统的故障判断及处理

图 1-8 智能建筑楼宇安防技术训练任务

PART 2

项目二
防盗报警系统

　　随着我国人民生活水平的不断提高，如何有效防范不法分子的入侵、盗窃、破坏等行为，是现在人们普遍关心的问题。仅靠人力来保护人民生命财产的安全是不够的，尚需物理防范、人员防范和技术防范相结合，需借助以现代化高科技的电子技术、传感技术、精密机械技术和计算机技术为基础的防盗器材设备，构成一个快速反应系统，从而达到防入侵、防盗和防破坏的目的。防盗报警系统是用来探测入侵者的移动或其他行动的报警系统。

【项目知识】

一、防盗报警系统的组成

　　防盗报警系统负责建筑内各个点、线、面和区域的探测任务，它一般由探测器、信号传输系统、区域控制器和报警控制中心 4 个部分组成，其结构如图 2-1 所示。

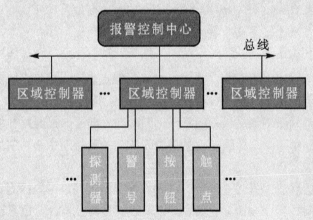

图 2-1　防盗报警系统的基本结构

1. 探测器

　　为了适应不同场所、不同环境、不同地点的探测要求，需在系统的前端，即需要探测的现场，安装一定数量的各种类型探测器，负责监视被保护区域现场的任何入侵活动。用来探测入侵者移动或其他动作的装置，通常由传感器和信号处理器组成。传感器把压力、震动、声响、电磁场等物理量，转换成易于处理的电信号（电压、电流）。信号处理器把电压或电流进行放大，使其成为一种合适的信号。探测器输出的一般是无源开关信号。

2．信号传输系统

信号传输系统将探测器所感应到的入侵信息传送至监控中心。选择传输方式时，应考虑下面三点。

（1）必须能快速准确地传输探测信号。

（2）根据警戒区域的分布、传输距离、环境条件、系统性能要求及信息容量来选择。

（3）应优先选用有线传输，特别是专用线传输。当布线有困难时，可用无线传输方式。在线路设计时，布线要尽量隐蔽、防破坏，根据传输路径的远近选择合适的线芯截面来满足系统前端对供电压降和系统容量的要求。

3．区域控制器

区域控制器通过采集各类探测器、按钮及触点信息确定系统是否报警，若报警，则驱动警号响起，并向报警控制中心发出警报信息。

4．报警控制中心

报警控制中心的功能是负责监视从各保护区域送来的探测信息，并经终端设备处理后，以声、光形式报警并在报警屏显示、打印，起到对整个报警系统的管理和集成的作用。

防盗报警控制器是报警控制中心的主要设备，它能直接或间接地接收来自现场探测器发出的报警信号，控制器接到报警信号后发出声光报警并能指示入侵发生的部位。

选择控制器时，应能满足以下条件。

（1）当入侵者使线路发生开路或短路时，控制器能及时报警，具有防破坏功能。

（2）在开机或交接班时，控制器能对系统进行检测，具有自检功能。

（3）具备备用电源，交流电停电后，仍能连续工作 8h。

（4）具有打印记录功能和报警信号外送功能。

（5）控制器工作稳定可靠，减少出现误报和漏报的情况。

（6）能对声音、图像、录像、灯光等进行自动联动功能。

综上所述，防盗报警系统共分三个层次。第一层是现场层，是系统的最底层，包含探测和执行设备，即图 2-1 中的探测器、警号、按钮、触点。现场层负责探测人员的非法入侵，有异常情况时发出声光报警，同时向控制器发送信息。第二层是控制层，即图 2-1 中的区域控制器，区域控制器负责现场层设备的管理，同时向管理层的报警控制中心传送自己所负责区域内的报警情况。第三层是管理层，即图 2-1 中的报警控制中心，它负责整个区域的各类报警记录、处理、联动等。

现场层和控制层展开如图 2-2 所示。图中区域控制器通过采集探测器（双鉴探测器、主动红外探测器、门磁、紧急按钮）的信息，判断系统是否报警，若报警，则驱动警号鸣响，警灯闪烁，并通过电话拨号器通知业主，同时向报警控制中心输出报警信号。

另外，在比较复杂的报警系统中，还要求系统对报警信号进行复核，以检验报警的准确性。例如，声音复核装置是用于探听入侵者在防范区域内走动、进行盗窃和破坏活动时发出声音的验证装置。除了电子设备，一个有效的防盗报警系统还需要一支出击队伍，即根据监控中心的指示，保安人员迅速前往报警地点，抓获入侵者，制止其入侵行为。

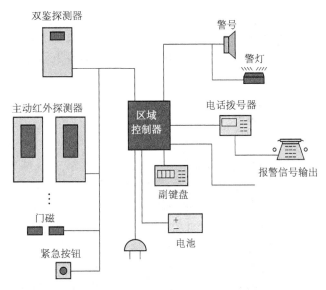

图 2-2　简单防盗报警系统示意图

二、防盗报警系统的信号传输系统

在防盗报警系统中，信号传输系统就是把探测器中探测的信号送到报警控制器去进行处理、判断，确认"有"、"无"入侵行为。报警传输方式主要有有线传输和无线传输。

1．有线传输

有线传输是将探测器的信号通过导线传送到控制器。根据控制器与探测器之间采用并行传输还是串行传输的方式而选用不同的线制。线制是指探测器和控制器之间的传输线的线数，一般有多线制、总线制和混合制 3 种。

有线传输会按照报警需要，专门敷设线缆。如图 2-3 所示为前端探测器与终端报警控制器构成一个体系的主动式红外对射有线传输示意图。

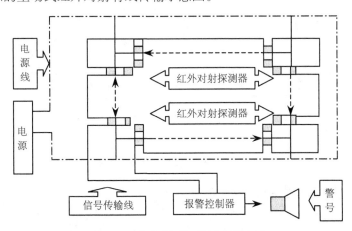

图 2-3　主动式红外对射传输示意图

有线传输系统稳定、可靠，但是管线敷设复杂，通常用于家庭安全防范系统或住宅小区周界和某些特定保护部门的防范。

2．无线传输

无线传输是探测器输出的探测信号经过调制，用一定频率的无线电波向空间发送，由报警中心的控制器所接收。而控制中心将接收的信号处理后发出报警信号并判断出报警部位。全国无线电管理委员会指定可用的无线电频率范围为：36.05～36.725 MHz。

无线报警控制器可与各种无线防盗探测器、红外对射栅栏、烟感、煤气感、紧急按钮配合使用。

根据系统大小不同，无线报警组成也不同。

在小型系统中（如家居使用），前端的被动红外、门磁、烟感既是一台探测器，也是一台无线发射器，终端则设一台无线报警控制器，既用来接收报警信号，又用于警讯的发布。

对大型系统，只要在小系统的基础上，在管理中心设置一台报警管理主机，用来接收发自小系统（如家居防范）无线传过来的警讯即可。为了便于识别警讯来自何处，小系统每一台的报警控制器（准确说是报警分机）必须设有一个地址码，而且这个地址码与管理中心管理报警控制器必须是一致的，这个非常重要，也就是说，只有当探测器的 IC 编码与主机相同时，才能实现报警分机与管理中心主机之间的联络，才有可能正常报警。

无线防盗报警系统如图 2-4 所示，该系统由一台无线接收机（即主机）和 4 台无线红外探测发射机组成。一旦有盗贼或非法入侵者进入该设防区域，该报警器即向管理中心主机报警。在实用中，应根据现场实际需要，可安排两对红外对射探测器共用一个发射机，甚至更多对的探测器共用一个发射机，这样做并不妨碍系统的可靠性，相反，由于发射机的台数减少，不但降低成本，而且对系统的稳定性也是有益的。

无线传输具有免敷设线缆、施工简单、造价低、扩充容易的优点，尤其适合一些已经完工的项目，不需破土敷设管线，损坏原有景观。其缺点是抗干扰能力差，在一定程度上影响系统运行的稳定，因此在周边有较强干扰源的情况下，最好采用有线传输方式。

另外，在系统安装时，报警控制器因为采用的是无线传输，所以必须将控制器安置在信号覆盖良好的地方，以保证每个防区信号的正常传输。

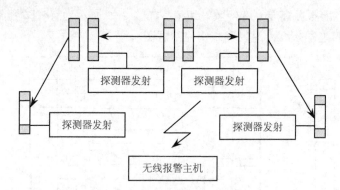

图 2-4　无线防盗报警系统示意图

三、防盗报警系统的常用术语

1．防区（Zone）

防区，即防范区域，指一个可以独立识别的安全防范区域。报警系统控制主机一般是以带有几路防区作为报警输入路数进行划分的。

2．分区

将 1 个或多个防区设置在同一区域，称为分区。可对分区单独设防及撤防。如某别墅有三层，一层是客厅、餐厅、厨房、卫生间等，二、三层是卧室，可将一层的各类探测器设置在一个分区，二三层探测器设置在另一个分区，那么晚上休息时，可单独对一层的分区进行设防，且不影响二三层的人员活动。

3．布防（Arm）

对防区内的报警探测器的触发报警输出作出报警反应，对报警事件进行处理的工作状态。

4．撤防（Disarm）

对防区停止报警事件的反应和处理工作。

5．延时防区

又称出入防区，在布防后产生一个外出延时，在规定时间内不触发报警，但一旦超过规定时间，马上起作用的防区。主要用于出入口路线，如正门、走廊、主要出入口，此防区的布防探测器有门磁探测器等。

6．周界防区

又称周边防区，用于建筑物四周或门窗的防护，布防后立即起作用的防区。此防区的主要布防探测器有主动红外探测器等。

7．立即防区

设在建筑内，一旦布防立即起作用的防区。主要探测器有：被动红外探测器、双鉴探测器、幕帘式探测器等。

8．24h防区

不论是否布防，在任何时候均起作用的防区。主要探测器有：紧急按钮、烟感探测器、温感探测器、瓦斯探测器等。

9．管理软件

报警主机通过串行通信口连接 PC，PC 上运行的软件能够根据从报警主机接收到的报警事件并参照在 PC 软件中设置的防区参数实现对防区进行报警消息显示，撤/布防状态，对报警主机进行远程撤/布防，巡更管理，锁匙开关控制等功能。管理软件通常为 Nespire 网络报警中心软件 Nespire 网络报警中心软件的使用依赖于报警主机以及报警主机中的参数设置。

10．报警主机报警事件

报警主机被触发报警后，不仅会根据报警主机中的参数设置在报警主机上对报警事件进行处理，还会通过串行通信模块发送主机事件报告给管理软件。

任务一　防盗报警系统设备安装与调试

一、任务描述

该小区为一智能化小区，有 6 栋 18 层住宅（工程项目简介参看项目一、五），以二房、三房、四房户型为主。现以二房防盗报警系统的设备安装与调试作为训练任务。二房户型图如图 2-5 所示，该户型配置了如下探测器。大门：门磁，客厅天花板：被动式红外探测器，客厅沙发处：紧急按钮，主卧天花板：双鉴探测器，客卧窗户处：幕帘式红外探测器，阳台外围：主动红外探测器。现采用网孔板或木板规划出二房，模拟室内探测器的安装及调试。本任务的要求是：

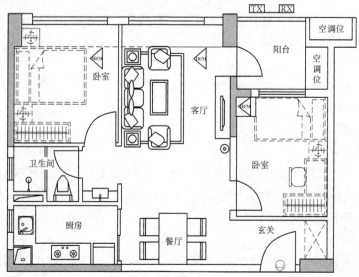

图 2-5　二房户型图

（1）识别各类探测器；

（2）探测器安装及调试；

（3）报警主机安装及调试；

（4）各类防区情形模拟。

二、知识准备

1．防盗报警探测器

防盗报警探测器一般是由传感器、放大器和转换输出电路组成，是一种将物理量转换成电量的器件。

防盗报警探测器的种类很多，按所探测的物理量的不同可分为：开关、微波、红外、激光、超声波和振动等；按信号传输方式不同，又可分为无线传输和有线传输两种。

（1）开关报警探测器。

开关报警器是一种电子装置，它可以把防范现场传感器的位置或工作状态的变化转换为控制电路通断的变化，并以此来触发报警电路。由于这类报警器的传感器的工作状态类似于电路开关，故称为"开关报警器"，它属于点控型报警器。

开关报警器常用的传感器有磁控开关、微动开关和易断金属条等。当它们被触发时，传感器就输出信号使控制电路通或断，引起报警装置发出声、光报警。

① 磁控开关。

磁控开关由带金属触点的两个簧片封装在充有惰性气体的玻璃管（称干簧管）和一块磁铁组成，见图 2-6。如图 2-6（a）所示磁控开关的工作原理是，当磁铁靠近干簧管时，管中带金属触点两个簧片，在磁场作用下被吸合，a、b 接通；磁铁远离干簧管达一定距离时干簧管附近磁场消失或减弱，簧片自身靠弹性作用恢复到原位置，a、b 断开。

② 微动开关。

微动开关是一种依靠外部机械力的推动，实现电路通断的电路开关，如图 2-7 所示。如图 2-7（a）所示，微动开关的工作原理是外力通过传动元件（如按钮）作用于动作簧片上，使其产生瞬时动作，簧片末端的动触点 a 与静触点 b、c 快速接通（a 与 b）和切断（a 与 c）。

外力移去后，动作簧片在压簧作用下，迅速弹回原位，电路又恢复 a、c 接通，a、b 切断状态。微动开关具有抗振性能好，触点通过电流大，型号规格齐全，可在金属物体上使用等特点，但是耐腐蚀性、动作灵敏度方面不如磁控开关。

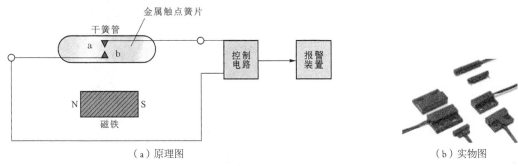

（a）原理图　　　　　　　　　　　　　　　　　（b）实物图

图 2-6　磁控开关

在现场使用微动开关作开关报警器的传感器时，需要将它固定在一个物体上（如展览台），将被监控保护的物品（如贵重的展品）放置微动开关之上。展品的重力将其按钮压下，一旦展品被意外地移动、抬起时，按钮弹出，控制电路发生通断变化，引起报警装置发出声光报警。微动开关也适于安装在门窗上。

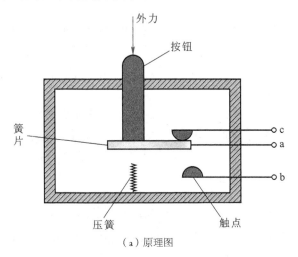

（a）原理图　　　　　　　　　　　　　　　　　（b）实物图

图 2-7　微动开关

（2）微波报警探测器。

微波报警器（微波探测器）是利用微波能量的辐射及探测技术构成的报警器，按工作原理的不同又可分为微波移动报警器和微波阻挡报警器两种。

① 微波移动报警器（多普勒式微波报警器）。

它是利用频率为 300～3000000MHz（通常为 10000MHz）的电磁波对运动目标产生的多普勒效应构成的微波报警装置，它又称为多普勒式微波报警器。

所谓多普勒效应是指在辐射源（微波探头）与探测目标之间有相对运动的物体时，接收的回波信号频率会发生变化，如图 2-8 所示。由（a）原理图可见，由于目标径向速度向探头运动，使接收的信号频率不再是 f_0 而是 $f_0 + f_d$，此现象就称多普勒效应，而附加频率 f_d 称为多普勒频率。如果目标以径向速度背向探头运动，则所接收的信号频率低一个多普勒频率，即 $f_0 - f_d$。

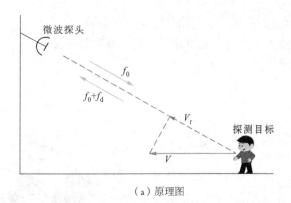

（a）原理图

（b）实物图

图 2-8 微波移动报警器

由于多普勒频率较小，例如微波探头发射频率 f_0=10000Hz，目标对探头的径向速度 v_r=1m/s，则

$$f_d = \frac{2v_r}{c} \cdot f_0 = 66\text{Hz}$$

其中，f_d 为回波频率，v_r 为目标与探头相对运动的径向速度，c 为电磁波传播速度，f_0 为微波频率。

② 微波阻挡报警器。

这种报警器由微波发射机、微波接收机和信号处理器组成，使用时将发射天线和接收天线相对放置在监控场地的两端，发射天线发射微波束直接送达接收天线。当没有运动目标遮断微波波束时，微波能量被接收天线接收，发出正常工作信号；当有运动目标阻挡微波束时，接收天线接收到的微波能量减弱或消失，此时产生报警信号。

微波报警还有如下特点：利用金属物体对微波有良好反射的特性，可采用金属板反射微波的方法，扩大报警器的警戒范围；利用微波对介质（如较薄的木材、玻璃钢、墙壁等）有一定的穿透能力，可以把微波探测器安装在木柜或墙壁里，以利于伪装；微波报警器灵敏度很高，故安装微波探测器尽量不要对着门、窗，以避免室外活动物体引起误报警。

（3）超声波报警探测器。

超声波报警器的工作方式与上述微波报警器类似，只是使用的不是微波而是超声波。利用人耳听不到的超声波（20000Hz 以上）来作为探测源的报警探测器称为超声波探测器，它是用来探测移动物体的空间探测器。因此，多普勒式超声波报警器也是利用多普勒效应，超声波发射器发射 25～40KHz 的超声波充满室内空间，超声波接收器接收从墙壁、天花板、地板及室内其他物体反射回来的超声能量，并不断于发射波的频率加以比较。当室内没有移动物体时，反射波与发射波的频率相同，不报警；当入侵者在探测区移动时，超声发射会产生大约±100Hz 多普勒频率，接收器检测出发射波与反射波之间的频率差异后，即发出报警信号。

超声波报警器在密闭性较好的房间（不能有过多的门窗）效果好，成本较低，而且没有探测死角，即不受物体遮蔽等影响而产生死角。但容易受风和空气流动的影响，因此安装超声波收发器时不要靠近排风扇和暖气设备，也不要对着玻璃和门窗。超声波是以空气作为传输介质的，因此空气的温度和相对湿度会影响其探测灵敏度。当温度为 21℃、相对湿度 38%时，超声波的衰减最为严重，探测范围也最小。

（4）红外线探测器。

红外报警探测器是一种辐射能转换器材，它主要通过红外接收器将收到的红外辐射能转换为便于擦亮或观察的电能和热能。根据能量转换方式不同，红外探测器可分为光子探测器和热探测器两大类，即平常所说的主动式红外对射探测器和被动式红外探测器。

① 主动式红外对射探测器。

主动式红外对射探测器又称为光束遮断式感应器，由一个发射器和一个接收器组成，如图 2-9、图 2-10 所示。发送器内装有用来发射光束的红外发光二极管，其前方安装一组菲尼尔透镜或双元非球面大口径二次聚焦光学透镜，其作用是将发送端（主机）发射的呈散射的红外光线进行聚焦，呈平行状发射至接收端（从机）。

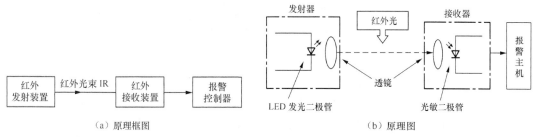

（a）原理框图　　　　　　　　　　　　　　　　　（b）原理图

图 2-9　主动式红外对射探测器原理图

接收端内置有光敏二极管，用于将红外光转换为电流，其受光方向同样装有一组镜片，其作用是对环境强光进行过滤，避免受强光的影响；另一个作用主要用于聚焦，即把主机发来的平行红外光聚焦到接收二极管上。

主动式红外对射探测器的工作过程是，发送端（主机）LED 红外光发射二极管作为光源，由自激多谐振荡器电路直接驱动，产生脉动式红外光，经过光学镜面进行聚焦处理，将散射的红外光束聚焦成较细的平行光束，由接收（从机）端接收。一旦光线被遮断时，接收端电路状态即发生变化，就会发出警报。

图 2-10　主动式红外对射探测器实物图

由于红外探测器多半工作在室外，长期受到太阳光和其他光线的直接照射，容易引起探测器接收器的误动作，所以红外探测器的外罩材料都添加可以过滤外界红外干扰和辐射的物质，主动式红外对射探测器结构图如图 2-11 所示。双光束探测器外部采用黑色装饰也是基于此理，以减少漏报或误报。

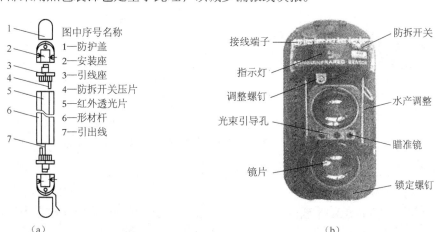

图中序号名称
1—防护盖
2—安装座
3—引线座
4—防拆开关压片
5—红外透光片
6—形材杆
7—引出线

接线端子　　防拆开关
指示灯
调整螺钉　　水产调整
光束引导孔
瞄准镜
镜片
锁定螺钉

（a）　　　　　　　　　　　　　　　　　　（b）

图 2-11　主动式红外对射探测器结构图

主动式红外报警器有点型、线型探测装置。除了用作单机的点警戒和线警戒外，为了在更大范围有效地防范，也可利用多机采取光墙或光网安装方式组成警戒封锁区或警戒封锁网，乃至组成立体警戒区。

② 被动式红外探测器。

被动式红外探测器主要由光学系统（菲尼尔透镜）、热释电红外传感器（PIR）、信号处理和报警电路组成，被动式红外探测器组成如图2-12所示。

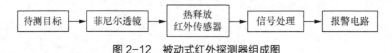

图 2-12　被动式红外探测器组成图

被动式红外探测器与主动式红外探测器工作原理很相似，主动式的红外辐射是由专用发送器完成的，而被动式红外探测器虽然没有这一设施，但却巧妙地利用了人体具有红外发射的这一自然现象。可见，两者区别在于红外发射的方式不同，辐射的强度和辐射的波长不同。主动式红外探测器的接收器接收的是主机的红外线，被动式红外探测器的接收器接收的是人体的红外辐射，手段不同，结果与目的却完全相同。可以看出，被动式红外探测器本身是不发射任何能量的，只是被动地接收和探测来自环境红外辐射的变化，这也就是其被称为被动式红外探测器的原因。被动式红外探测器实物及示意图如图2-13所示。

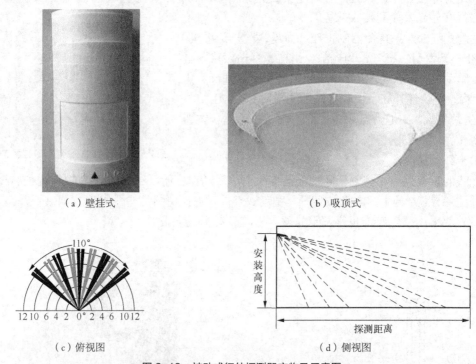

（a）壁挂式　　　　　　　　　　　　（b）吸顶式

（c）俯视图　　　　　　　　　　　　（d）侧视图

图 2-13　被动式红外探测器实物及示意图

被动式红外探测器实施布控主要依赖两个部件。

热释电红外传感器是其中一个重要器件。该传感器由两个特征一致的探测元子（即双元）组成，反向串联或接成差动平衡电路方式，只有在这两个探测元子同时都被触发后，探测器才能判断是否报警。由于探测元子接成差动平衡电路方式，所以探测元子产生的噪声互相抵消，因此比单元结构式探测器误报率更低。

探测器在工作时，以非接触方式可检测出 8～14μm 红外线能量的变化，并将它转变为电信号。人体辐射的红外线为 10μm 左右，正好落在其接收的波长内。被动式红外探测器正是根据这一物理现象实现其探测功能的。

被动式探测器另一个重要器件是菲尼尔透镜。菲尼尔透镜的作用是，对红外辐射进行聚集，以起到增强作用，然后辐射到 PIR 的探测元上，从而使 PIR 电信号输出加大。

被动式探测器在加电数秒钟后，首先必须自行适应环境温度，在无人或动物进入探测区域时，由于现场的红外辐射稳定不变，所以传感器上输出的是一个稳定的信号，形成一个俯视时呈一扇面的警戒区域，如图 2-13（c）所示。它表示警戒覆盖的范围，通常用角度表示，角度大，其探测覆盖的范围大；反之，则探测范围小。如图 2-13（d）所示，表示探测的距离，表示非法入侵者在多远的探测距离内，探测器能做出响应。由此可见，警戒区域一旦有人或物体入侵，在原始环境温度之外，增加了人或物体的红外辐射温度，这一变化，就被探测器所感知，从而输出响应的电信号。

红外探测器目前用得最多的是热释电探测器，它是把人体红外辐射转变为电量的传感器。如果把人的红外辐射直接照射在探测器上，当然会引起温度变化而输出信号，但这样做，探测距离是不会远的。为了加长探测距离，必须附加光学系统来收集红外辐射。通常采用塑料镀金属的光学反射系统，或塑料做的菲尼尔透镜作为红外辐射的聚焦系统。由于塑料透镜是压铸出来的，故成本显著降低，从而在价格上可与其他类型报警器相竞争。

被动式红外探测器根据视场探测模式，可直接安装在墙上、天花板上或墙角。

被动式红外报警器在三大移动报警探测器（超声波、微波、红外）中具有以下优点。

- 由于它是被动式的，不主动发射红外线，因此，它的功耗非常小，只有几毫安到数十毫安，在一些要求低功耗的场合尤为适用。
- 由于是被动式，也就没有发射器与接收器之间严格校直的麻烦。
- 与微波报警器相比，红外波长不能穿越砖头水泥等一般建筑物，在室内使用时不必担心由于室外的运动目标会造成误报。
- 在较大面积的室内安装多个被动红外报警器时，因为它是被动的，所以不会产生系统互扰的问题。
- 它的工作不受声音的影响，声音不会使它产生误报。

（5）双技术防盗报警器。

前面介绍的各种探测器各有优缺点，但它们有一个共同特点是防范的手段单一，容易触发误报警。例如，只有单一技术的微波探测器，面对活动的物体，如门、窗的开关、小动物走动，都可能触发误报警；被动式红外探测器对防范区域内快速的温度变化或强烈热对流的产生也可能导致误报警。在它们之间可以看到一个有趣的现象，即一方短处，正好是另一方的长处，于是人们提出互补组合办法，把两种不同探测原理的探测器巧妙结合，即形成了所谓的"双鉴探测器"，如图 2-14 所示。这种探测器的报警条件发生了根本性的改变，只有入侵者既是移动的、又有不断红外辐射的物体才能产生报警。因而两者同时发生误报的概率也就大大降低了。

目前市场上双鉴探测器主要有微波-被动红外和超声波-被动红外这两种。而双技术探测器的缺点是价格比单技术报警器要昂贵，安装时将两种探测器的灵敏度都调至最佳状态较为困难。

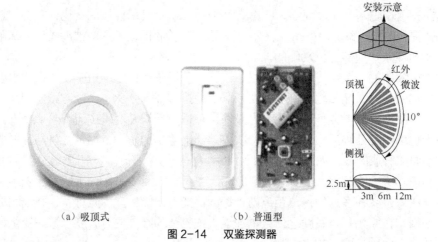

（a）吸顶式　　　　　　　　（b）普通型

图 2-14　双鉴探测器

（6）玻璃破碎探测器。

玻璃破碎探测器核心器件是压电式拾音器。通常将其安装在被检测的玻璃对面，其安装示意图如图 2-15 所示。

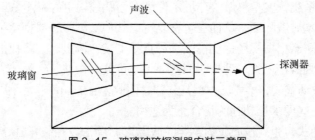

图 2-15　玻璃破碎探测器安装示意图

按照其工作原理不同大致可分为两大类：一类是声控型玻璃破碎探测器，即带宽 10～15kHz 的声控报警探测器；另一类是双技术型的玻璃破碎探测器，属声控-振动型和次声波-玻璃破碎高频声响型，外形如图 2-16 所示。声控-振动型是将声控与振动探测两种技术组合在一起，只有同时探测到玻璃破碎时发出的高频声音信号和敲击玻璃引起的振动，才输出报警信号。

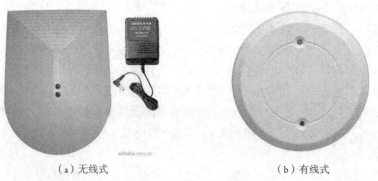

（a）无线式　　　　　　　　（b）有线式

图 2-16　玻璃破碎探测器

玻璃破碎探测器一般是安装在门、窗的玻璃对面，利用振动传感器（开关触点形式）在玻璃破碎时产生的 2kHz 特殊频率，感应出报警信号。而对一般行驶车辆或风吹门、窗时产生的振动信号没有响应。

（7）声控报警器。

声控报警器用微音器做传感器，用来监测入侵者在防范区域内走动或作案活动时发出的声响（如启、闭门窗，拆卸、搬运物品及撬锁时的声响），并将此声响转换为电信号经传输线送入报警主控制器。此类报警电信号即可供值班人员对防范区进行直接监听或录音，也可同时送入报警电路，在现场声响强度达到一定电平时启动报警装置发出声光报警。

常见声控报警器见图 2-17 所示。

图 2-17　常见声控报警器

2．防盗报警系统探测器安装

防盗报警探测器安装要求可参见火灾报警设备的安装要求，防盗报警设备安装应符合《安全防范工程技术规范》（GB50348-2004）。防盗报警设备的种类、型号、厂家不同，其安装接线有很大的不同，安装前一定要详看厂家提供的产品说明书及接线图。下面列举几个典型产品，介绍其安装接线及调试方法。

（1）磁控开关的安装。

使用时，一般是把磁铁安装在被防范物体（如门、窗等）的活动部位（门扇、窗扇），干簧管装在固定部位（如门框、窗框）。磁铁与干簧管的位置需保持适当距离，以保证门、窗关闭磁铁与干簧管接近时，在磁场作用下，干簧管触点闭合，形成通路。当门、窗打开时，磁铁与干簧管远离，干簧管附近磁场消失其触点断开，控制器产生断路报警信号。

如图 2-18 所示，安装、使用磁控开关时，应注意如下一些问题：

① 干簧管应装在被防范物体的固定部分，安装应稳固，避免受猛烈振动而使干簧管碎裂。

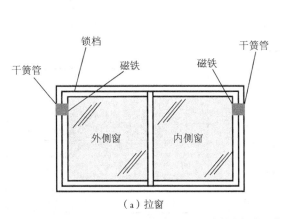

（a）拉窗　　　　　　　（b）门

图 2-18　安装在门窗上的磁控开关

② 磁控开关不适用有磁性金属的门窗，因为磁性金属易使磁场削弱。可选用微动开关或其他类型开关器件代替磁控开关。

（2）被动式红外探测器的安装。

被动式红外探测器根据现场探测模式，可直接安装在墙面上、天花板上或墙角。

被动式红外探测器布置和安装原则如下。

① 探测器对垂直于探测区方向的人体运动最敏感，故布置时应尽量利用这个特性达到最佳效果。如图 2-19（a）中 A 点垂直于探测区方向，效果最佳，所以 A 点布置效果好；B 点正对大门，与探测区方向平行，其效果差。

② 被动式红外探测器是一个空间探测器，布置时要注意探测器的探测范围和水平视角。如图 2-19（b）所示，走廊处 A、B 探测器均探测不到，需要在走廊尽头 C 点处再安装探测器，以确保区域的安全。

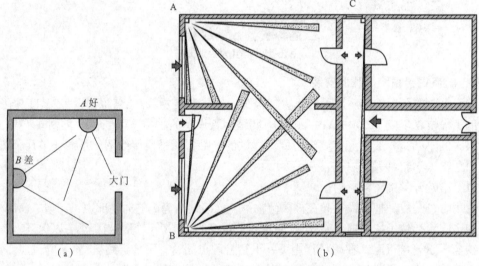

图 2-19　被动式红外探测器的布置

③ 警戒区内注意不要有高大的遮挡物遮挡；探测器不要对准强光源和受阳光直射的门窗；探测器不要对准加热器、空调出风管道，如无法避免，则应与热源保持至少 1.5m 以上的间隔距离。

被动式红外探测器的安装如图 2-20 所示。

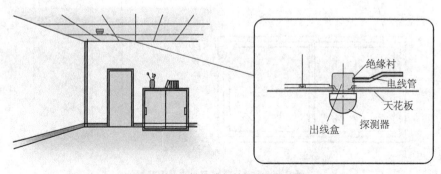

图 2-20　被动式红外探测器的安装

（3）幕帘式红外探测器的安装。

幕帘式红外探测器与其他被动式红外探测器技术相同，外观也基本相似，只是它的防范区域类似一道帘子，较适用于如门、窗等平面的防范。幕帘式红外探测器探测范围示意图如图 2-21 所示，它以透镜为始点，展开一个幕帘夹角，有一定厚度和一定距离，形成一堵红外感应幕墙，在这个区域内，只要是带热能的动物从这一区域经过，其散发的热能将被接收，导致报警。

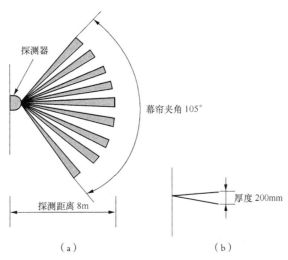

探测器

幕帘夹角 105°

厚度 200mm

探测距离 8m

（a）　　　　　　　　　（b）

图 2-21　幕帘式红外探测器探测范围示意图

幕帘式红外探测器根据安装方式分为墙壁式和吸顶式，如图 2-22 所示。

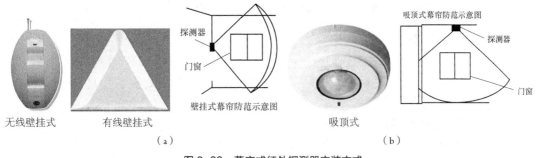

无线壁挂式　　　　有线壁挂式

探测器

门窗

壁挂式幕帘防范示意图

吸顶式幕帘防范示意图

探测器

门窗

吸顶式

（a）　　　　　　　　　　　　　　　　（b）

图 2-22　幕帘式红外探测器安装方式

三、设备条件

（1）一套防盗报警系统装置（含一个报警主机、键盘、一个门磁、一个被动式红外探测器、一个双鉴探测器、一个紧急按钮、一个幕帘探测器、一个主动式红外对射探测器等）。

（2）一套安装工具（含螺丝刀、拨线嵌、万用表、电胶布、标签条等）。

（3）一块网孔板或木板。

四、实施流程

具体流程如图 2-23 所示。

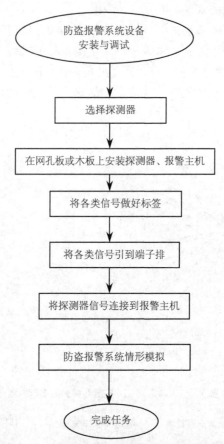

图 2-23　防盗报警系统设备安装与调试流程图

五、实施步骤

按照任务要求，先选择二房户型所需要的探测器，并将其模拟安装在网孔板或木板上。安装后将线路连接到报警控制主机（教师要提前给报警控制主机编好程序），然后模拟二房户型报警情形来进行报警探测器的测试。

1．安装被动红外探测器步骤

（1）用一字螺丝刀插入探测器下方的卡扣，用力按下，取下外壳。

（2）用手将电路板卡扣弯向一边，取下电路板。

（3）将探测器的安装孔对准面板上孔的位置。

（4）选用 M 3×10 的不锈钢螺丝在面板上固定。

（5）将电路板上的电源、触点、防拆开关分别做好标签，并引到相应端子排上。

（6）卡紧电路板，扣上外壳。

2．安装幕帘探测器步骤

（1）用十字螺丝刀卸下探测器上方的螺丝。

（2）用一字螺丝刀插入探测器上方的卡扣，用力按下，取下外壳。

（3）将探测器的安装孔对准面板上孔的位置。

（4）选用 M 3×10 的不锈钢螺丝在面板上固定。

（5）将电路板上的触点做好标签，并引到相应端子排上。

（6）卡紧电路板，扣上外壳。

3．安装紧急按钮步骤

（1）用一字螺丝刀插入两边的卡扣，用力按下，取下外壳。

（2）将按钮的安装孔对准面板上孔的位置。

（3）选用 M 3×10 的不锈钢螺丝在面板上固定。

（4）将紧急按钮触点做好标签，并引到相应端子排上。

（5）扣上外壳。

4．安装门磁探测器步骤

（1）用一字螺丝刀插入门磁的固定部分右面的卡扣，用力按下，取下外壳。

（2）将门磁上的两个端子做好标签，并引到相应端子排上。

（3）将按钮的安装孔对准面板上孔的位置。

（4）选用 M 3×10 的不锈钢螺丝在面板上固定。

（5）扣上外壳。

5．安装主动式红外对射探测器步骤

（1）用十字螺丝刀旋下探测器底部的螺丝。

（2）将探测器的安装孔对准面板上孔的位置。

（3）选用 M 4×10 的不锈钢螺丝在面板上固定。

（4）将发射器、接收器的端子做好标签，并引到相应端子排上。

（5）扣上外壳。

6．安装报警主机步骤

（1）用一字螺丝刀插入报警主机下方的卡扣，用力按下，取下外壳。

（2）将报警主机的安装孔对准面板上孔的位置。

（3）选用 M 3×10 的不锈钢螺丝在面板上固定。

（4）将报警主机所有端子做好标签，并引到相应端子排上。

（5）扣上外壳。

7．连接探测器与报警主机步骤

（1）将报警主机 Z1、Z2 的引线端接到双鉴探测器和主动红外对射探测器（其中，R 端接 COM，NC 接 Z2 和 COM 即可）。

（2）将紧急按钮、门磁、幕帘探测器和被动红外探测器的常闭触点 NC 连接到防区扩展模块 ZX8 的 Z1-Z4 端。

（3）把报警主机、主动对射探测器、被动红外探测器、双鉴探测器电源线分别接到面板上的 12V 电源上（探测器电源为 12V，报警控制主机的电源是 16.5V，报警控制主机会自动提供一个 12V 的直流电，即 AUX 端+-为 12V）。

（4）连接好后，系统连接图如图 2-24 所示。

（5）接好线后，使用万用表的二极管档检测接线的连接状况。

8．系统布/撤防步骤

旁路布防：按 1234，再按 BYP，最后按防区编号。

常规布防：按 1234，再按 ARM。

强制布防：按 1234，再按 FORCE。

常规撤防：按 1234。

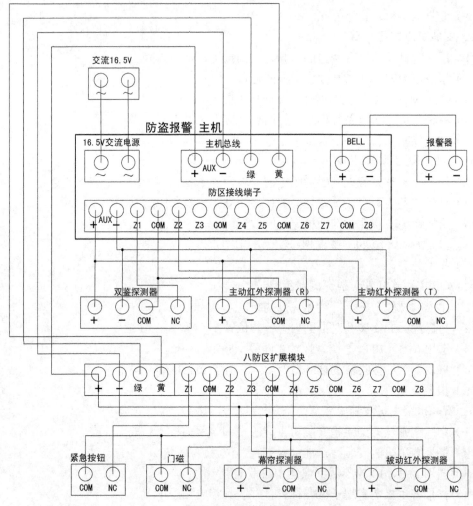

图 2-24　系统接线图

9．探测器报警模拟

教师提前给各报警主机编好程序，则可进行如下情形模拟。

（1）24 小时防区（紧急按钮）报警情形模拟。在不布防的情况下，用手指按下面板上的紧急按钮，可随时引发报警；转动紧急按钮上的钥匙，解除警情。

（2）延时防区（门磁探测器）报警情形模拟。在报警主机上输入设防密码，即实现布防。在布防状态下，用手指转动一对门磁上带磁铁的部分，模仿大门的打开。若在退出延时时间内打开大门，不会引发报警；但若在退出延时之后打开门窗，则报警主机会发出蜂鸣声，提醒撤防。若在进入延时之内撤防，不引发报警；若在进入延时之后撤防，则引发报警。在报警主机上输入撤防密码，即实现撤防。

（3）立即防区（被动红外探测器、主动红外探测器、双鉴探测器、幕帘探测器）报警情形模拟。在报警主机上输入设防密码，即实现布防。在布防状态下，操作者用手在探测器前晃过，模拟人的走动，引发报警。在报警主机上输入撤防密码，即实现撤防。

实训（验）项目单

姓名：_____ 班级：_____班 学号：_____ 日期：___年___月___日

项目编号		课程名称		训练对象		学时	
项目名称			成绩				
目的							

一、所需工具、材料、设备。（5分）

二、实训要求

1. 在网孔板或木板上完成主动红外、被动红外、紧急按钮、双鉴探测器、门磁、幕帘探测器的安装。
2. 完成各类信号的标签制作。
3. 将主动红外、被动红外、紧急按钮、双鉴探测器、门磁、幕帘探测器信号连接到报警主机。
4. 通过主机验证测试探测器报警。（教师要预先编好程序）

三、实训步骤（75分）

1. 完成探测器的安装。（30分）
2. 完成信号标签制作。（10分）
3. 绘制主动红外、被动红外、紧急按钮、双鉴探测器、门磁、幕帘探测器与报警主机的硬件连接图。（10分）

项目二 防盗报警系统

4. 完成硬件连接。（10分）
5. 探测器调试。（15分）

四、思考题（10分）

1. 绘制上述 6 种探测器的文字符号及图形符号。（5分）

2. 简述系统布防及撤防操作。（5分）

五、实训总结及职业素养。（10分）

评语：

教师： 　　　　　　年　　月　　日

任务二 单/双防区带/不带终端电阻的硬件连接及编程

一、任务描述

小区内四房户型家庭配置了如下探测器：入户门处设置一个门磁探测器，书房（空中花园改建的）设置一个被动式红外探测器，客厅设置一个双鉴探测器和一个紧急按钮，客卧设置一个幕帘探测器，阳台处设置一个主动式红外对射探测器，主卧处设置一个无线被动式红外探测器，客厅出阳台处设置一个无线门磁探测器，如图2-25所示。

本任务的要求如下：

（1）选择合适的报警主机，完成单/双防区、带/不带终端电阻的硬件连接方式；

（2）对探测器进行合理分区及标签设置；

（3）选择合适的防区类型；

（4）对系统进行编程及验证。

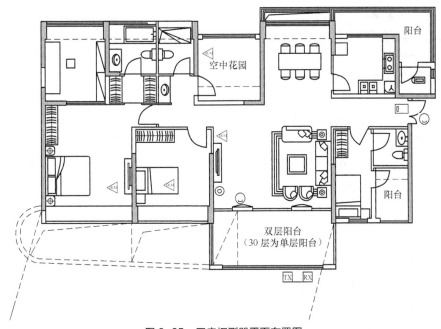

图2-25 四房探测器平面布置图

二、知识准备

1.防盗报警控制器

防盗报警控制器是防盗报警控制的核心，由信号处理电路和报警装置组成，其外形如图2-26所示。它的作用是对探测器传来的信号进行分析、判断和处理。当入侵报警发生时，它将接通声、光报警信号震慑犯罪分子，避免其采取进一步的侵入破坏；显示入侵部位亦通知保安值班人员去做紧急处理；自动关闭和封锁相应通道；启动闭路电视监控系统中入侵部位和相关部位的摄像机对入侵现场监视并进行录像，以便事后进行备查与分析。

（a）远程无线型　　　　　　　　（b）有线电话联网型

图 2-26　防盗报警控制器

（1）防盗报警控制器的功能。

防盗报警控制器的种类很多，其功能基本如下：

① 防区容量控制，即控制器可容纳报警的路数，如枫叶牌 EVO192 V1.2 大型报警主机系统自带 8 个防区，就是可带 8 个探测器，若采用双防区连接方式，可带 16 个探测器。若需要布防的探测器超过 16 个，可把相邻探测器串联起来编为同一防区。

② 欠电压报警。当报警控制器在防区电源电压等于或小于额定电压的 80%时，设有欠电压提醒报警，以确保系统的正常运行。

③ 报警部位显示功能。防区容量较小的报警控制器，报警时的报警信息一般显示在报警器面板上（报警灯闪烁）；大容量报警控制器通常配有地图显示，并可显示报警地址、报警类型。

④ 多功能布防、撤防方式。

● 具有留守、外出布防两种布防方式；
● 任意一台的探测器可单独布防或撤防；
● 可遥控分区、分时段布防，如设置夜晚室内探测无效，窗和门报警有效；
● 可独立报警，也可联网报警；
● 可设置 0～255s 延时时间，即当设备进入布防时，再预留一些时间，以便使用人员操作布防后有足够时间撤离现场。

⑤ 防破（损）坏报警。遇到由于意外事故造成的传输系统线缆短路、断路，或入侵者拆卸前端探测器、传输线缆等情况，报警控制器都会做出声、光报警。

⑥ 联动功能。报警后，可联动其他系统（如启动摄像机、灯光、录像机、录音设备等），实现报警、摄像、录像、录音和资料存储，构成一个完整的信息链。

⑦ 黑匣子功能。系统若因故停机，则仍然可保留最后记忆的几十条报警与布防/撤防信息，以供事后查询。

⑧ 扩展功能。可选购计算机扩展模块，与计算机联机，即能显示用户资料、报警信息、历史记录；既可独立报警，也可组成报警管理中心台。

⑨ 远程遥控布防。可直接配用遥控器，实现无线遥控布防和撤防。无线传输距离：室内为 100m；若与 8080-2，8080-3 探测器配套使用，则无线传输距离可达 2～10km。

⑩ 报警优先。无论电话线处于打进或打出状态，当发生警情时，主机都会优先报警。

⑪ 监听功能。报警控制器设有监听功能，在不能确认报警真伪时，通过"报警/监听"开关拨至监听位置，即可监听现场动静。

⑫ 自动对码功能。若是无线报警主机，在探头与控制器之间则采用学习式自动对码方式，安装操作非常方便。

⑬ 现场声阻吓功能。可外接高分贝（如110dB）的警笛或声光警笛，实施现场阻吓入侵者，效果更好。

⑭ 键盘密码锁。无论何种情况，若要对报警控制器按键进行功能设置或撤销，都必须先输入有效密码，以识别操作人员的身份与权限。

⑮ 内置可充电备用电源。备用电源可用24h。

⑯ 预录语音。在报警主机上由用户进行预先录音，其目的是当发生警情时，通过报警控制器播放预先录制的提示语音，告知报警的地点，方便管理人员及时救助。录音留言应简明，如"这是×××家××栋××号，住宅有紧急情况发生，请协助处理"。通常用于家居联网型防范系统。

⑰ 电话（网络）布防和撤防功能。可以通过普通电话网或是互联网进行布防和撤防操作。

（2）防盗报警控制器的主要技术指标。

● 电源电压：AC220±15% V/50Hz。

● 备用电池：1.2V×6节5号可充电池600mA。

● 静态电流：≤20mA。

● 报警电流：≤300mA。

● 接收频率：315 mHz±1 mHz。

● 无线接收距离：≥200m（开阔地）。

● 录音/放音时间：10s。

● 监听时间：15～30s。

● 使用环境：–10℃～40℃，相对湿度≤80%。

● 外出延时：0～99s自由设置。

● 进入延时：0～99s自由设置。

● 报警声响自动复位时间：10min。

（3）防盗报警控制器的分类。

防盗报警控制器按其容量可分为单路或多路报警控制器。多路报警控制器常为2、4、8、16、24、32、64路等。防盗报警控制器可做成盒式、挂壁式或柜式。根据用户的管理机制以及对报警的要求，可组成独立的小系统、区域互联互防的区域报警系统和大规模集中报警系统。

① 小型报警控制器。

对于一般的小用户，其防护的部位少，如银行的储蓄所，学校的财务室、档案室，较小的仓库等，可采用小型报警控制器。

这种小型的控制器一般功能为：

● 能提供4～8路报警信号、4～8路声控复核信号、2～4路电视复核信号，功能扩展后，能从接收天线接收无线传输的报警信号。

● 能在任何一路信号报警时，发出声光报警信号，并能显示报警部位和时间。

● 有自动/手动声音复核和电视、录像复核。

项目二 防盗报警系统

- 对系统有自查能力。
- 市电正常供电时能对备用电源充电，断电时能自动切换到备用电源上，以保证系统正常工作。另外还有欠压报警功能。
- 具有延迟报警功能。
- 能向区域报警中心发出报警信号。
- 能存入 2～4 个紧急报警电话号码，发生报警情况时，能自动依次向紧急报警电话发出报警信号。

② 区域控制器。

对于一些相对规模较大的工程系统，要求防范区域较大，设置的防盗报警探测器较多（如高层写字楼、高级住宅小区、大型仓库、货场等），这时应采用区域防盗报警控制器。区域报警控制器具有小型控制器的所有功能，结构原理也相似，只是输入、输出端口更多，通信能力更强。区域报警控制器与防盗报警探测器的接口一般采用总线制，即控制器采用串行通信方式访问每个探测器，所有的防盗报警探测器均根据安置的地点实行统一编址，控制器不停地巡检各探测器的状态。

③ 集中报警控制器。

在大型和特大型的报警系统中，由集中入侵控制器把多个区域控制器联系在一起。集中入侵控制器能接收各个区域控制器送来的信息，同时也能向各区域控制器发送控制指令，直接监控各区域控制器的防范区域。集中入侵控制器可以直接切换出任何一个区域控制器送来的声音和图像信号，并根据需要用录像机记录下来。还由于集中入侵控制器能和多台区域控制器联网，因此具有更大的存储容量和先进的联网功能。

2．EVO192 V1.2 大型报警主机系统

报警控制主机是防盗报警系统的主要设备，目前国内外的品牌很多，如霍尼韦尔、科立信、夜郎等，因加拿大枫叶牌系列产品在深圳具有广大市场，现以它为例说明。

（1）主要功能。

EVO192 V1.2 大型报警主机系统是加拿大枫叶公司的产品。其广泛应用在小区住家及周界报警系统、大楼安保系统以及工厂、学校、仓库等各类大型安保系统，可实现计算机管理，并方便与其他系统集成。EVO192 V1.2 大型报警主机，如图 2-27 所示，具备以下功能。

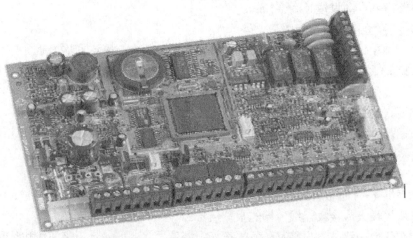

图 2-27　EVO192 V1.2 大型报警主机

① 自带 8 个防区，以两芯总线方式（不包括探测器电源线）可扩展 192 个防区。

② 可连接 32 个键盘。

③ 可分为 8 个独立分区，分别独立布防/撤防，可对 8 个分区分配 8 个用户密码。

④ 可与门禁系统联动，可进行门禁权限、时间及感应卡的分配。

⑤ 可选择多种有线无线防区扩展模块（如 ZX8、MG-TX3 等），最多可接 127 个模块。

⑥ 可进行多种通信设置，可通过 RS232 实现与计算机、报警中心的直接连接，或通过接口设备与 LAN 连接。

⑦ 可实现键盘编程。

⑧ 可查询各种故障代码及报警信息。

（2）电性能指标。

输入电压：最小输入为 16.5VAC；最大输入为 20VAC

辅助电源输出：典型输出为 600mA，最大输出为 700mA。

蓄电池充电电流：350mA

（3）EVO192 V1.2 报警主机的编程。

防盗报警系统通过报警主机可以连接各类探测器及警灯、警号，但如何使这些探测器有效工作并联动相关设备，则需要对系统进行编程才能实现各种功能。

① 进入编程。

长按【0】键。

输入【安装者密码】，默认安装者密码是 000000。

输入 4 位数【段号】。

输入相应的【数据】。

② 防区设置。

段号【0400】可进行防区设置，具体如图 2-28 所示。

③ 延时设置。

段号【3104】~【3120】对分区 1 进行延时设置；段号【3204】~【3220】对分区 2 进行延时设置；段号【3304】~【3320】对分区 3 进行延时设置；段号【3404】~【3420】对分区 4 进行延时设置；段号【3504】~【3520】对分区 5 进行延时设置；段号【3604】~【3620】对分区 6 进行延时设置；段号【3704】~【3720】对分区 7 进行延时设置；段号【3804】~【3820】对分区 8 进行延时设置。具体如图 2-29 所示。

④ 系统选项。

段号【3029】~【3030】可设置系统选项 1、系统选项 2。

段号【3031】~【3032】可设置分区选项 1、分区选项 2，设置哪些分区有效。

段号【3033】~【3035】可设置系统选项 2 至 4；在段号【3033】中可设置是否带终端电阻及单双防区。段号【3034】可设置防区防拆，段号【3035】可设置串口波特率。

具体如图 2-30 所示。

⑤ 其他设置

a. 钥匙开关编程。

段号【0601】~【0632】表示相应的钥匙开关 1~32，定义钥匙开关的分区分配位置及布防方式。

防区编程

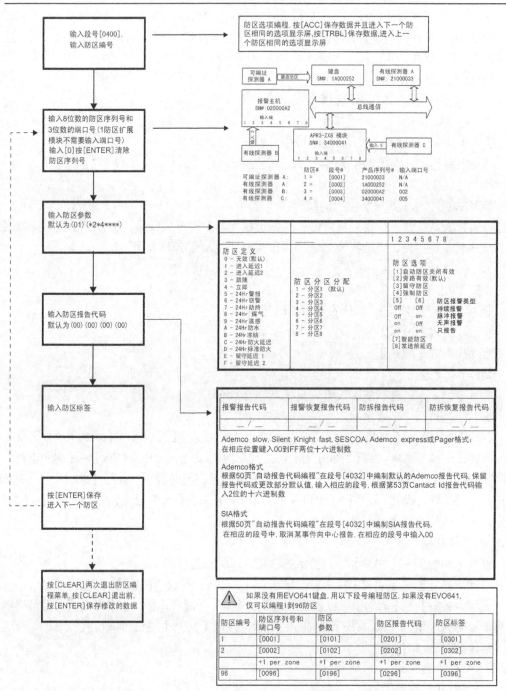

图 2-28　防区设置

项目二　防盗报警系统

分区计时

十进制值 自000~255

描述	分区1 段号	数据	分区2 段号	数据	分区3 段号	数据	分区4 段号	数据	分区5 段号	数据	分区6 段号	数据	分区7 段号	数据	分区8 段号	数据
布/撤防历回表																
窗口 撤防时间（★ = 分，默认 = 000）	[3104]	/ /	[3204]	/ /	[3304]	/ /	[3404]	/ /	[3504]	/ /	[3604]	/ /	[3704]	/ /	[3804]	/ /
# 锁定前无效密码（数据 1次，默认 = 无效）	[3105]	/ /	[3205]	/ /	[3305]	/ /	[3405]	/ /	[3505]	/ /	[3605]	/ /	[3705]	/ /	[3805]	/ /
键盘锁定时间（数据 1分，默认 = 只解除）	[3106]	/ /	[3206]	/ /	[3306]	/ /	[3406]	/ /	[3506]	/ /	[3606]	/ /	[3706]	/ /	[3806]	/ /
无移动计时（数据 15 分钟，默认 = 无效）	[3107]	/ /	[3207]	/ /	[3307]	/ /	[3407]	/ /	[3507]	/ /	[3607]	/ /	[3707]	/ /	[3807]	/ /
退出延时计时（数据 1秒，默认 = 060秒）	[3108]	/ /	[3208]	/ /	[3308]	/ /	[3408]	/ /	[3508]	/ /	[3608]	/ /	[3708]	/ /	[3808]	/ /
退出延时（数据 1秒，默认 = 无效）	[3109]	/ /	[3209]	/ /	[3309]	/ /	[3409]	/ /	[3509]	/ /	[3609]	/ /	[3709]	/ /	[3809]	/ /
智能防区延时（数据 1秒，默认 = 010秒）	[3110]	/ /	[3210]	/ /	[3310]	/ /	[3410]	/ /	[3510]	/ /	[3610]	/ /	[3710]	/ /	[3810]	/ /
进入延时 1（数据 1秒，默认 = 030秒）	[3111]	/ /	[3211]	/ /	[3311]	/ /	[3411]	/ /	[3511]	/ /	[3611]	/ /	[3711]	/ /	[3811]	/ /
进入延时 2（数据 1秒，默认 = 060秒）	[3112]	/ /	[3212]	/ /	[3312]	/ /	[3412]	/ /	[3512]	/ /	[3612]	/ /	[3712]	/ /	[3812]	/ /
警铃切断计时（数据 1分，默认 = 4 分钟）	[3113]	/ /	[3213]	/ /	[3313]	/ /	[3413]	/ /	[3513]	/ /	[3613]	/ /	[3713]	/ /	[3813]	/ /
防区自动关闭（数据 1分，默认 = 无效）	[3114]	/ /	[3214]	/ /	[3314]	/ /	[3414]	/ /	[3514]	/ /	[3614]	/ /	[3714]	/ /	[3814]	/ /
可旁路最大防区数（000~015 防区，默认 = 无限）	[3115]	/ /	[3215]	/ /	[3315]	/ /	[3415]	/ /	[3515]	/ /	[3615]	/ /	[3715]	/ /	[3815]	/ /
循环延时（数据 1分，默认 = 无限）	[3116]	/ /	[3216]	/ /	[3316]	/ /	[3416]	/ /	[3516]	/ /	[3616]	/ /	[3716]	/ /	[3816]	/ /
循环次数（数据 x，默认 = 无限）	[3117]	/ /	[3217]	/ /	[3317]	/ /	[3417]	/ /	[3517]	/ /	[3617]	/ /	[3717]	/ /	[3817]	/ /
动作代码计时（数据 x1 次，默认 = 无效）	[3118]	/ /	[3218]	/ /	[3318]	/ /	[3418]	/ /	[3518]	/ /	[3618]	/ /	[3718]	/ /	[3818]	/ /
打开默认计时（数据 x1 分，默认 = 无效）	[3119]	/ /	[3219]	/ /	[3319]	/ /	[3419]	/ /	[3519]	/ /	[3619]	/ /	[3719]	/ /	[3819]	/ /
自动布防延误（范围 x 26分钟 默认 = 1 ）	[3120]	/ /	[3220]	/ /	[3320]	/ /	[3420]	/ /	[3520]	/ /	[3620]	/ /	[3720]	/ /	[3820]	/ /

图 2-29　延时设置

分区选项1.

段号[3121]：分区 1

选项	OFF 无效	ON 有效
（★ = 默认/撤防）		
[1] 撤防后转到留守布防（若无延时防区并路）	★	☆
[2] 分区 2 布/撤防	★	☆
[3] 分区 3 布/撤防	★	☆
[4] 分区 4 布/撤防	★	☆
[5] 分区 5 布/撤防	★	☆
[6] 分区 6 布/撤防	★	☆
[7] 分区 7 布/撤防	★	☆
[8] 分区 8 布/撤防	★	☆

段号[3221]：分区 2

选项	OFF 无效	ON 有效
（★ = 默认/撤防）		
[1] 分区 1 布/撤防	★	☆
[2] 撤防后转到留守到留守布防（若无延时防区并路）	★	☆
[3] 分区 3 布/撤防	★	☆
[4] 分区 4 布/撤防	★	☆
[5] 分区 5 布/撤防	★	☆
[6] 分区 6 布/撤防	★	☆
[7] 分区 7 布/撤防	★	☆
[8] 分区 8 布/撤防	★	☆

段号[3321]：分区 3

选项	OFF 无效	ON 有效
（★ = 默认/撤防）		
[1] 分区 1 布/撤防	★	☆
[2] 分区 2 布/撤防	★	☆
[3] 撤防后转到留守到留守布防（若无延时防区并路）	★	☆
[4] 分区 4 布/撤防	★	☆
[5] 分区 5 布/撤防	★	☆
[6] 分区 6 布/撤防	★	☆
[7] 分区 7 布/撤防	★	☆
[8] 分区 8 布/撤防	★	☆

系统选项

段号 [3029] : 系统选项 1

选项(★=默认选项)	OFF	ON
[1] 当使用RTX3时,无EVO641/EVO641R时,该选项需为有效	★无效	☆有效
[2] 保留	★无效	☆有效
[3] 保留	★无效	☆有效
[4] 保留	★无效	☆有效
[5] 保留	★无效	☆有效
[6] 保留	★无效	☆有效
[7] 保留	★无效	☆有效
[8] 保留	★无效	☆有效

段号 [3030] : 系统选项 3

选项(★=默认选项)	OFF	ON
[1] PGM 1 = 2线制烟感探测器输入 (255)	★无效	☆有效
[2] 火警时无警铃剪断	★无效	☆有效
[3] 白天保存时间	☆无效	★有效
[4] (中国不用)		
[5] 蓄电池充电电流	★350mA	☆850mA
[6] 交流电故障不作为故障显示	★无效	☆有效
[7] 清除警铃过流故障	★恢复	☆手动
[8] 总线速度*	★标准	☆高

段号 [3031] : 分区选项 1

选项	OFF	ON
[1] 分区 1	☆无效	★有效
[2] 分区 2	★无效	☆有效
[3] 分区 3	★无效	☆有效
[4] 分区 4	★无效	☆有效
[5] 分区 5(仅EVO192)	★无效	☆有效
[6] 分区 6(仅EVO192)	★无效	☆有效
[7] 分区 7(仅EVO192)	★无效	☆有效
[8] 分区 8(仅EVO192)	★无效	☆有效

段号 [3032] : 分区选项 2

选项	OFF	ON
[1] 分区1警铃/警号输出	☆无效	★有效
[2] 分区2警铃/警号输出	★无效	☆有效
[3] 分区3警铃/警号输出	★无效	☆有效
[4] 分区4警铃/警号输出	★无效	☆有效
[5] 分区5警铃/警号输出	★无效	☆有效
[6] 分区6警铃/警号输出	★无效	☆有效
[7] 分区7警铃/警号输出	★无效	☆有效
[8] 分区8警铃/警号输出	★无效	☆有效

段号 [3033] : 系统选项 2

选项	OFF	ON
[1] 用户菜单多步操作	★无效	☆有效
[2] 用户密码长度锁定	★固定	☆可变
[3] 用户密码长度(如果选项[2]为OFF)	★4位	☆6位
[4] 电源保存模式	☆无效	★有效
[5] 系统布防时旁路不显示	☆无效	★有效
[6] 故障锁定	★无效	☆有效
[7] 有线防区终端电阻	★无效	☆有效
[8] (ATZ) 双防区技术	★无效	☆有效

段号 [3034] : 系统选项 3

选项	OFF	ON
[1]&[2] 无线发射器监察选项(查阅下表)	☆见表 ☆见表	☆见表 ☆见表
[3] 如果无线防区的探测器旁路,则产生监察故障	★是	☆否
[4] 无线发射器监察故障限制布防	★无效	☆有效
[5]&[6] 防区&模块防拆识别选项(见下表)	☆见表 ☆见表	☆见表 ☆见表
[7] 产生防拆若探测器所在防区被旁路	☆是	★否
[8] 防拆故障限制布防	★无效	☆有效

段号 [3035] : 系统选项 4

选项	OFF	ON
[1] 交流电故障限制布防	★无效	☆有效
[2] 蓄电池故障限制布防	★无效	☆有效
[3] 警铃或辅助电源故障限制布防	★无效	☆有效
[4] 电话线监察故障限制布防	★无效	☆有效
[5] 模块故障限制布防	★无效	☆有效
[6] 发送统计数字	★分区 #	☆电话 #
[7] 通过串口发送防区情况	★无效	☆有效
[8] 串口波特率	☆38,400	★57,600

无线发射器监察选项
(段号 [3034]: 选项 [1] & [2])

[1]	[2]	
OFF	OFF	– 无效(默认)
OFF	ON	– 只产生故障(布防或撤防时)
ON	OFF	– 当撤防时: 只产生故障 – 当布防时: 跟随防区报警类型(第9页)
ON	ON	– 当撤防时产生有声警报 – 当布防时: 跟随防区报警类型(第9页)

防区&模块防拆识别选项
(段号 [3034]: 选项 [5] & [6])

[5]	[6]	
OFF	OFF	– 无效(默认)
OFF	ON	– 只产生故障(布防或撤防时)
ON	OFF	– 当撤防时: 只产生故障 – 当布防时: 跟随防区报警类型(第9页)
ON	ON	– 当撤防时: – 当布防时: 跟随防区报警类型(第9页)

图 2-30 系统设置

b. 可编程输出。

段号【0901】～【0905】表示 PGM1～5 的测试模式。

段号【0918】、【0928】、【0938】、【0948】、【0958】表示 PGM1～5 的延时。

段号【0910】～【0957】表示 PGM 编程。

c. 用户密码选项

段号【1001】～【1999】表示如何采用一个 LCD 键盘设置用户密码、用户密码选项、分区分配及用户 001-999 的门禁控制特性。

d. 布/撤防报告代码。

段号【2001】～【2099】表示门禁代码 1-98，门禁 S 的布防报告代码。

段号【2101】～【2199】表示门禁代码 1-98，门禁 S 的撤防报告代码。

e. 门禁控制。

段号【2201】～【2232】设置门代码。

段号【2251】～【2282】设置门选项。

段号【2301】～【2332】设置门标签。

段号【2401】～【2432】设置门禁时间表。段号【2401】～【2415】为主要时间表，只能分配至用户门禁密码。段号【2416】～【2432】为次要时间表，不能分配至用户门禁密码，只能作为后备时间表。

段号【2501】～【2532】设置备份时间表，每个备份可编程时间表都可备份或链接到另一个可编程时间表，如果第一时间表失效将启动备份，键入所需备份时间表的 3 位数即可。主机将确认 8 个所链接的时间表，一个连一个，直至确定感应卡或密码有效。

段号【2601】～【2615】表示访问权限编程。

段号【2701】～【2712】表示假期编程，门禁系统允许用户对段号中的日期进行编程设置。

段号【0201】～【0296】表示 1～96 防区的报告代码，包括报警报告代码、报警恢复代码、防拆报告代码、防拆恢复代码。

f. 键盘数量。

段号【2801】～【2832】用来确认事件缓存中的键盘，键入 1～32 的产品序列号，事件缓存器将显示属于键盘 1 或键盘 2 的事件。

g. 遥控器编程。

段号【2901】～【29412】表示遥控器设置。

h. 报警主机设置。

段号【3001】表示安装者密码锁定设置，默认为 000。

段号【3010】表示 PC 电话号码设置。

段号【3011】表示主机识别符，默认为 0000。

段号【3012】表示计算机密码设置，默认为 0000。

段号【3020】表示主机分区设置（00-08），默认为 00。

段号【3021】表示故障关闭设置（00-15），默认为 00。

i. 拨号选项。

段号【3036】设置拨号选项 1，段号【3037】设置拨号选项 2。

j. 其他选项。

段号【3038】表示门禁控制选项设置。

段号【3039】表示时间表容量设置。

段号【3040】～【3043】表示自动测试报告设置。

段号【3050】~【3058】表示计时设置。

k. 通信设置

段号【3061】~【3068】表示账号设置。

段号【3070】~【3074】表示报告格式设置。

l. 系统拨号事件指向。

段号【3080】表示系统故障与故障恢复设置。

段号【3081】表示特殊报告设置。

m. 分区设置。

段号【3100】、【3200】、【3300】、【3400】、【3500】、【3600】、【3700】、【3800】设置8个分区的分区标签。

段号【3101】、【3201】、【3301】、【3401】、【3501】、【3601】、【3701】、【3801】设置8个分区的自动布防时间。

段号【3102】、【3202】、【3302】、【3402】、【3502】、【3602】、【3702】、【3802】设置8个分区的布防报告时间表。

段号【3103】、【3203】、【3303】、【3403】、【3503】、【3603】、【3703】、【3803】设置8个分区的撤防报告时间表。

段号【3104】~【3119】设置分区 1 的计时情况，段号【3204】~【3219】设置分区 2 的计时情况，段号【3804】~【3819】设置分区 8 的计时情况。

段号【3121】、【3221】、【3321】、【3421】、【3521】、【3621】、【3721】、【3821】 8个分区设置。

段号【3122】~【3129】、【3222】~【9229】、【3322】~【3329】、【3422】~【3429】、【3522】~【3529】、【3622】~【3629】、【3722】~【3729】、【3822】~【3829】表示8个分区的布防/撤防选项。

n. 特殊故障报告代码。

段号【3900】~【3909】表示特殊系统报告代码。

段号【3910】~【3919】表示特殊布防报告代码。

段号【3920】~【3929】表示特殊撤防报告代码。

段号【3930】~【3939】表示故障恢复报告代码。

o. 其他设置和模式

段号【4000】表示主机序列号。

段号【4001】表示模块复位。

段号【4002】表示定位/查找模块。

段号【4003】表示进入模块编程模式。

段号【4004】表示模块广播式编辑。

段号【4005】表示搜索现有模块。

段号【4010】~【4021】表示枫叶快速编程器。

段号【4030】~【4037】表示自动报告代码编程。

段号【4040】~【4049】表示软件复位。

p. 安装者密码编程。

段号【1000】表示安装者密码，默认是 000000。

⑥ 布防撤防。

旁路布防：按 1234，再按 BYP，最后按防区编号。

常规布防：按 1234，再按 ARM。

强制布防：按 1234，再按 FORCE。

常规撤防: 按 1234, 再按 DISARM。

3. EVO192 V1.2 硬件连接方式

（1）报警主机硬件电路连接图。

报警主机硬件电路连接图如图 2-31 所示。

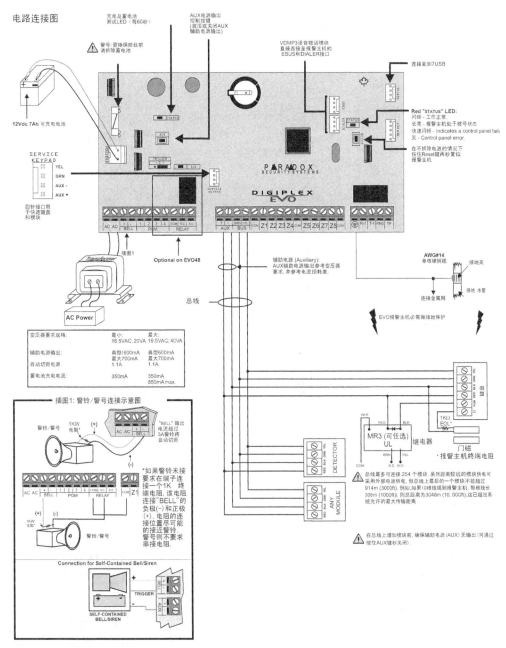

图 2-31　报警主机硬件电路连接图

（2）单/双防区及带终端电阻输入。

EVO192V1.2 报警主机只有 8 个防区。有时户型大，探测器多时，则 8 个防区不够，那么可以采用双防区的连接方式实现 16 个独立防区。双防区就是在 Z 与 COM 间连接两个探测器，在两个探测器触点上分别并联 1K 及 2.2K 电阻，那么不报警时检测到 Z 与 COM 端电阻为零。

若并联 1K 的探测器报警，则 Z 与 COM 端电阻为 1K；若并联 2.2K 的探测器报警，则 Z 与 COM 端电阻为 2.2K，通过 Z 与 COM 端电阻大小可识别出具体是哪个探测器报警。需要注意防区编号规律，若 Z1 与 COM 间连接两个探测器，并联 1K 电阻的探测器为防区 1，并联 2.2K 电阻的探测器为防区 9，依次类推。

不管是单防区还是双防区连接方式，在探测器不报警的情况下，Z 与 COM 端电阻为零。若直接短接 Z 与 COM 端，则探测器不起作用。为防止有人故意破坏，有时会增加终端电阻，即在探测器不报警的情况下，Z 与 COM 端电阻不为零，而为某一阻值。

单/双防区输入连接图如图 2-32 所示。

单防区输入

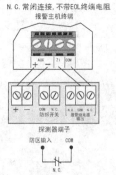
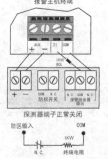
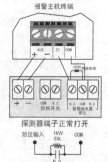

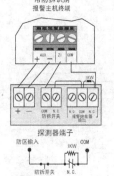
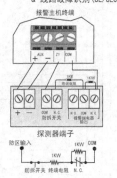
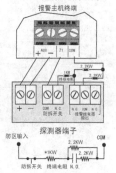

双防区输入

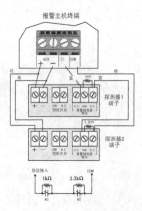
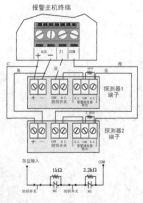
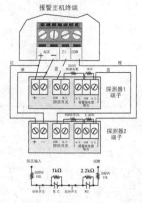

图 2-32 单/双防区输入连接图

（3）电话线连接。

电话线连接图如图 2-33 所示。

电话线连接

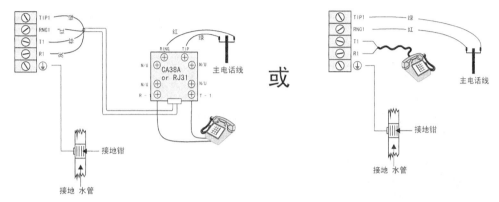

图 2-33 电话线连接图

4．模块硬件连接及编程方法

（1）模块总体连接。

模块总体连接图如图 2-34 所示。

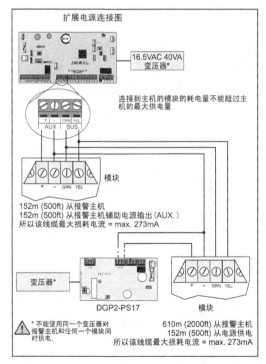

图 2-34 模块总体连接图

（2）模块 LED 指示。

① 绿色（Locate）LED。

上电：电源上电时保持常亮。

定位：在正常操作过程中如果模块收到从报警主机发出的"定位"请求，则 LED 快速闪烁。在模块上，可按下"Disable Locate"开关中断定位请求。

② 红色（Watchdog）LED

状态：闪烁表示工作正常。

③ 通信失败

如果绿色（Locate）LED 和红色（Watchdog）LED 交替闪烁，表示模块与报警主机之间的通信失败。

④ 绿色"BATT"LED

充电及蓄电池测试。

⑤ 绿色"RX"LED

闪烁表示无线接收模块接收到一个无线探测器发出的信号。

⑥ 绿色"TX"LED

闪烁表示打印模块通过串行口发送数据。

⑦ 绿色"PULSE"LED

闪烁拨号时保持常亮。

（3）其他模块硬件连接图。

LCD 键盘模块硬件连接图如图 2-35 所示。无线扩展模块硬件连接图如图 2-36 所示。八防区扩展模块硬件连接图如图 2-37 所示。

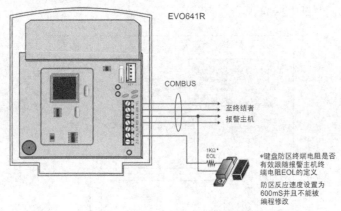

图 2-35　LCD 键盘模块硬件连接图

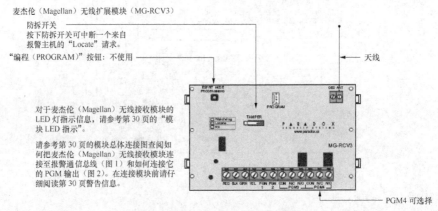

图 2-36　无线扩展模块硬件连接图

5．编程方法

模块可用下面的方法进行编程。

（1）通过 Winload 软件，模块可在波特率为 19200（或者 38400，对 DigiplexNE）进行编程。本地连接使用 306 适配器，远程连接则使用 Modem 或使用 ADP-1 适配器（300bit/s）。

（2）模块也可以通过报警主机的模块广播功能进行编程。

（3）使用快速编程器（仅适用于 PCM-3，DNE-K07 和 DGP-641）。

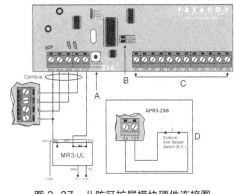

图 2-37　八防区扩展模块硬件连接图

（4）如果通过一个键盘进行编程，进入模块编程模式后，可用下列编程方法。

特性复选编程：某些模块的段号可被设置为有效或无效选项。在这些段号里，数字【1】~【8】分别代表一个特定的选项，按相应的数字键选中某一选项，所选的数字将会显示在 LCD 屏幕上，说明该选项已被选定，再次按下该键可清除所显示数据而使该选项无效。当预期选项被选中请按下【ENTER】键设置该选项。

十进制编程：某些模块的段号要求输入一个十进制值。例如：一个 PGM 计时要求输入一个 3 位数的时间。使用该方法，可输入任意一个 3 位数（000~255）。

特性单选编程：某些模块的段号可用"单选编程"进行编程。这些段号里只有一个选项被设置为有效。选项设置有效的方法为使用【↑】和【↓】键直到需要的选项被选中，然后按下【ENTER】按键设置该选项。

6．进入编程模式

（1）持续按住【0】键。

（2）输入【安装者密码】。

（3）输入段号【4003】（DigiplexNE）。

（4）输入需要进行编程的模块的 8 位【产品序列号】。模块的产品序列号可以在模块的线路式 PCB 板上找到。

（5）输入需要进行编程的 3 位【段号】。

（6）输入必需的【数据】。

7．LCD 键盘模块（DGP2-641）

键盘如图 2-38 所示，键盘的产品序列号见于键盘的 PCB 板上，键盘的产品序列号也可以键盘的屏幕查看：按住【0】键，输入【安装者密码】，再输入段号【000】即可。

段号【001】表示键盘分区分配。

段号【002】表示分配门到分区。

段号【003】表示键盘常规选项 1。

段号【004】表示键盘常规选项 2。

段号【005】表示故障警示音。

段号【006】表示 PGM 和防拆选项或常规选项 3。

段号【007】~【013】表示门的各类时间设置。

段号【017】表示开门时间表。

8．无线扩展模块

无线扩展模块如图 2-39 所示。

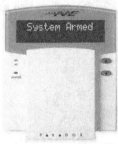

DGP2-641BL V1.1
DGP2-641BL V2.1

DGP2-641 V1.1
DGP2-641R V2.1

MG-RCV3 V2.0

图 2-38　键盘 　　　　　　　　　　　　图 2-39　无线扩展模块

段号【001】表示监察。

段号【030】查看未知无线发射器的产品序列号。

段号【040】显示和/或删除在段号 【201】~【208】中已指定的遥控器。

段号【041】显示和/或删除在段号 【209】~【216】中已指定的遥控器。

段号【601】~【616】显示已指定无线探测器和门磁的实际信号强度。

段号【701】~【716】显示已指定无线探测器和门磁上的电池的实际使用寿命。

段号【801】~【816】显示已指定无线探测器和门磁上次使用的电池使用寿命。

段号【101】~【116】表示添加无线探测器或门磁至接收机模块。

段号【201】~【416】表示遥控器编程。

9．八防区扩展模块（APR3-ZX8）

八防区扩展模块如图 2-40 所示。

图 2-40　八防区扩展模块

段号【001】表示常规选项。

段号【018】表示 PGM 计时。

段号【030】表示 PGM 测试。

其他功能详见"EVO192 V1.2 高级综合管理控制系统编程手册"。

三、实施流程

先按照四房探测器要求，选择探测器，再按照图 2-41 的硬件连接要求完成探测器与报警控制主机、扩展模块及无线模块的连接，并根据实训步骤一步步完成编程及调试。根据实训项目单的要求自行独立完成。

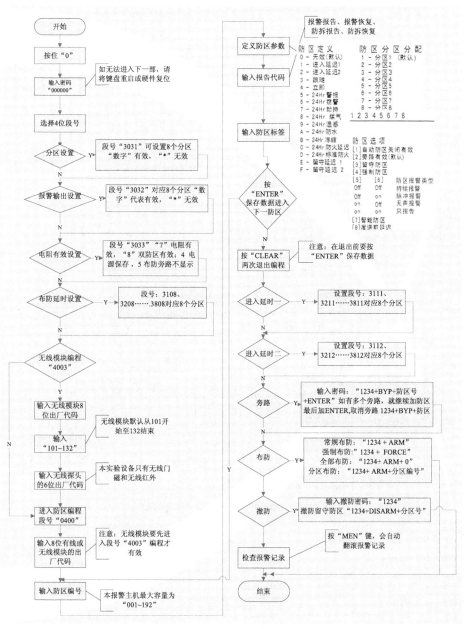

图2-41　硬件连接要求

四、设备条件

（1）防盗报警系统实训装置一套，含报警主机（含键盘）、防区扩展模块、无线扩展模块及门磁、被动红外探测器、双鉴探测器、紧急按钮、幕帘探测器、主动红外探测器、无线门磁、无线被动红外探测器等。

（2）导线若干。

（3）万用表。

五、实施步骤

1．按照如图 2-42 实训连接图完成硬件连接

为避免不当操作和保证设备安全，请先关闭实训台电源。

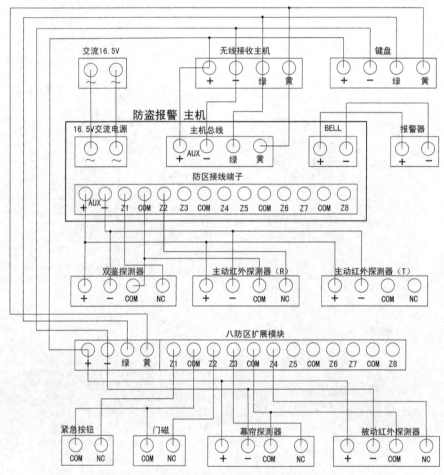

图 2-42　防盗报警系统硬件连接图

2．系统报警主机的编程

（1）进入编程。

按住【0】键。

键入【安装者密码】，默认安装者密码是 000000。

键入 4 位数【段号】。

键入必需的【数据】。

（2）无线模块编程。

输入段号【4003】，进入无线扩展模块编程方式。先将无线门磁、无线红外探测器写入到无线扩展模块中，具体步骤如下：输入无线防区扩展模块 MG-RTX3 的 8 位产品序列号，再输 101，然后输入无线门磁的序列号，即表示无线防区扩展模块 MG-RTX3 的 1 号无线防区连接了无线门磁。再输入 102，然后输入无线红外探测器的序列号，即表示无线防区扩展模块 MG-RTX3 的 2 号无线防区连接了无线红外探测器。

（3）防区设置。

输入段号【0400】，再输入防区编号进行防区设置。一般紧急按钮、主动式对射红外探测器需要在不设防的情况下工作，故将其设置为 24 小时防区；被动式红外探测器、幕帘探测器、双鉴探测器、无线式红外探测器设置为立即防区；门磁、无线门磁设置为延时防区。(在这里，我们把连接在主机上的双鉴探测器、主动红外探测器设置在分区 1，连接在 ZX8 防区扩展模块上的紧急按钮、门磁、幕帘探测器和被动红外探测器设置在分区 2，连接在无线模块上的无线门磁和无线红外设置在分区 3。)

防区编号【001】处输入报警控制主机的 8 位产品序列号，再输入输入输出端口号：001，即表示主机的 Z1 端口连接了双鉴探测器, 然后输入防区参数 41(立即防区 4, 分区 1), *2*4****（旁路有效、强制布防有效），输入防区报告代码等。

防区编号【002】处输入报警控制主机的 8 位产品序列号，再输入输入输出端口号：002，即表示主机的 Z2 端口连接了主动红外探测器，然后输入防区参数 61(24 小时防区 6, 分区 1)，*2*4****（旁路有效、强制布防有效），输入防区报告代码等。

防区编号【003】处输入防区扩展模块 ZX8 的 8 位产品序列号，再输入输入输出端口号：001，即表示防区扩展模块 ZX8 的 Z1 端口连接了紧急按钮，然后输入防区参数 62（24 小时防区 6，分区 2），*2*4****（旁路有效、强制布防有效），输入防区报告代码等。

防区编号【004】处输入防区扩展模块 ZX8 的 8 位产品序列号，再输入输入输出端口号：002，即表示防区扩展模块 ZX8 的 Z2 端口连接了门磁，然后输入防区参数 12（进入延时 1 防区，分区 2），*2*4****（旁路有效、强制布防有效），输入防区报告代码等。

防区编号【005】处输入防区扩展模块 ZX8 的 8 位产品序列号，再输入输入输出端口号：003，即表示防区扩展模块 ZX8 的 Z31 端口连接了幕帘探测器，然后输入防区参数 42（立即防区 4，分区 2），*2*4****（旁路有效、强制布防有效），输入防区报告代码等。

防区编号【006】处输入防区扩展模块 ZX8 的 8 位产品序列号，再输入输入输出端口号：004，即表示防区扩展模块 ZX8 的 Z4 端口连接了被动红外探测器，然后输入防区参数 42（立即防区 4，分区 2），*2*4****（旁路有效、强制布防有效），输入防区报告代码等。

防区编号【007】处输入无线模块的 8 位产品序列号，再输入输入输出端口号：001，即表示无线模块的第一个端口连接了无线门磁，然后输入防区参数 23（进入延时 2 防区，分区 3），*2*4****（旁路有效、强制布防有效），输入防区报告代码等。

防区编号【008】处输入无线模块的 8 位产品序列号，再输入输入输出端口号：002，即表示无线模块的第二个端口连接了无线红外，然后输入防区参数 43（立即防区，分区 3），*2*4****（旁路有效、强制布防有效），输入防区报告代码等。

（4）延时设置。

在段号【3109】处设置分区 1 的退出延时，在段号【3111】处设置分区 1 的进入延时 1。

在段号【3209】处设置分区 2 的退出延时，在段号【3211】处设置分区 2 的进入延时 1。

在段号【3309】处设置分区 3 的退出延时，在段号【3312】处设置分区 3 的进入延时 2。

（5）系统设置。

对段号【3031】分区选项 1 进行设置，使分区 1、2、3 有效，其他无效即可。

对段号【3032】分区选项 2 进行设置，使分区 1、2、3 警铃/警号输出有效，其他无效即可。

对段号【3033】 系统选项 2 进行设置，默认 7 无效，即表示防区不带终端电阻。若系统带终端电阻，则使选项 7 有效。

对段号【3033】系统选项 2 进行设置，默认 8 无效，即表示单防区有效。若系统为双防区连接，则使选项 8 有效。双防区连接时，注意防区号。比如报警主机 Z3-COM 连接了两个探测器，双防区方式，则与 1K 电阻连接的探测器防区号为 3，与 2.2K 电阻连接的探测器防区号为 10，依次类推。

对段号【3035】系统选项 4 进行设置，使串口波特率设置为 38400 有效，其他默认即可。

3．防区的验证

（1）布防撤防。

旁路布防：按 1234，再按 BYP，最后按防区编号。

常规布防：按 1234，再按 ARM。

强制撤防：按 1234，再按 FORCE。

常规撤防：按 1234。

（2）立即防区的验证。

在布防状态下，触发双鉴探测器、被动红外探测器、幕帘探测器、无线红外探测器等，报警主机立即报警，声光报警器鸣响。在撤防状态下，触发上述探测器，报警主机不响应。

（3）延时防区的验证。

开始布防时，在退出延时之内打开门磁，然后合上门磁，报警主机不响应，当退出延时时间结束后，布防开始有效，此时再触发门磁，报警主机会有鸣音，提醒撤防。若在进入延时 1 之内撤防，报警主机不报警，如果超过进入延时 1 时间还不撤防，报警主机的联动设备声光报警器会报警。

无线门磁的延时验证类似，不同的是退出延时和进入延时 2 的时间不同而已。

延时报警功能，可以大大降低误报率。在延时时间内给于使用者退出防区的时间和给于使用者解除因误操作而引发报警的时间。

（4）24 小时防区的验证。

无论是否布防/撤防，在任何时候按下紧急按钮或触发主动红外探测器，报警主机都会报警，声光报警器鸣响。

4．注意事项

（1）每个产品都有各自的产品序列号，请注意记录。

（2）进行双防区连接时注意防区号的变化规律。

实训（验）项目单

姓名：_____　班级：_____班　学号：_____　日期：___年___月___日

项目编号		课程名称			训练对象		学时	
项目名称				成绩				
目的								

一、所需工具、材料、设备。（5分）

二、实训要求

1. 系统包含报警主机、扩展模块及无线模块。

2. 采用单防区方式，可带□或不带□终端电阻（教师在□打√既可）。

3. 可参照如下要求（也可自行定义端口及防区标签），完成硬件连接图的绘制、硬件连接、防区编程及报警验证。

防区号	所属分区	前端探测器	设备及端口	防区类型	防区标签
001	1分区	双鉴探测器	主机-Z3	立即防区	SJTCQ
002	1分区	主动红外探测器	主机-Z5	24小时防区	ZDHW
003	2分区	紧急按钮	主机-Z7	24小时防区	JJAN
004	2分区	门磁	扩展-Z2	进入延时1（进入延时5s，退出延时8s）	MEKG
005	2分区	被动红外探测器	扩展-Z4	立即防区	BDHW
006	3分区	幕帘探测器	扩展-Z6	立即防区	MLTCQ
007	3分区	无线门磁	无线接收器-1	进入延时2（进入延时7s，退出延时8s）	WXMC
008	3分区	无线红外探测器	无线接收器-2	立即防区	WXHW

三、实训步骤（75分）

1. 绘制主动红外探测器、被动红外探测器、紧急按钮、双鉴探测器、门磁、幕帘探测器与报警主机的硬件连接图。（15分）

2. 完成硬件连接。（15分）

3. 完成防区编程及系统编程。

（1）防区设置。（10分）

（2）分区设置。（5分）

（3）延时设置。（5分）

（4）系统设置。（10分）

4. 防区验证。

（1）24小时防区验证。（5分）

（2）立即防区验证。（5分）

（3）延时防区验证。（5分）

四、思考题（10 分）

1. 哪些探测器属于点探测器、哪些属于线探测器、哪些属于空间探测器？（5 分）

2. 哪些探测器一般设置为立即防区？哪些探测器一般设置为 24 小时防区？（5 分）

五、实训总结及职业素养。（10 分）

评语：

教师：　　　　　　　　　　　年　　月　　日

实训（验）项目单

姓名：_____　班级：_____班　学号：_____　日期：___年___月___日

项目编号		课程名称			训练对象		学时	
项目名称				成绩				
目的								

一、所需工具、材料、设备。（5分）

二、实训要求

1. 系统包含报警主机、扩展模块及无线模块。
2. 采用双防区方式，可带□或不带□终端电阻（教师在□打√既可）。
3. 可参照如下要求（也可自行定义端口及防区标签），完成硬件连接图的绘制、硬件连接及防区编程、报警验证。

防区号	所属分区	前端探测器	设备及端口	防区类型	防区标签
001	1分区	双鉴探测器	主机-Z4	立即防区	SHUANGJ
002	1分区	主动红外探测器	主机-Z4	24小时防区	ZHUD
003	2分区	紧急按钮	主机-Z5	24小时防区	JINJ
004	2分区	门磁	主机Z-5	进入延时1（进入延时10s，退出延时6s）	MENC
005	2分区	被动红外探测器	扩展-Z3	立即防区	BEID
006	3分区	幕帘探测器	扩展-Z3	立即防区	MUL

三、实训步骤（75分）

1. 绘制主动红外探测器、被动红外探测器、紧急按钮、双鉴探测器、门磁、幕帘探测器与报警主机的硬件连接图。（15分）
2. 完成硬件连接。（15分）
3. 完成防区编程及系统编程。

（1）防区设置。（10分）

（2）分区设置。（5分）

（3）延时设置。（5分）

（4）系统设置。（10分）

4. 防区验证。

（1）24小时防区验证。（5分）

（2）立即防区验证。（5分）

（3）延时防区验证。（5分）

四、思考题（10分）

1. 防区、分区的定义是什么？（5分）

2. 探测器连接终端电阻的目的是什么？（5分）

五、实训总结及职业素养。（10分）

评语：

教师：　　　　　　　　　　　　　年　　月　　日

任务三　Winload 编程软件的操作

一、任务描述

小区内每户家庭均配置了防盗报警系统，同一户型的家庭配置的探测器一样，各探测器的功能、类型一样，可统一进行编程。

本任务的要求是：

（1）Winload 编程软件的具体编程方法；

（2）报警系统软件与报警主机的通信方式；

（3）在报警系统软件中防区的验证。

二、知识准备

任务二介绍了如何通过键盘对区域控制器进行编程。但有些时候，同一小区同一户型很多，采用的报警系统也是一模一样的，如果一个个全部采用键盘编程将非常麻烦，能不能通过软件写入呢？下面就介绍如何通过报警控制主机软件 Winload 实现报警控制主机的编程。

1. 编程软件简介

Winload 是基于 Windows 的 Winload 软件简化并加快了 Paradox 主机的编程。有如下功能：

（1）通过 Modem 以 300 波特率进行远程上传/下载。

（2）通过 Modem 和 ADP-1 以 300bit/s 进行在线上传/下载。

（3）通过 Paradox 的 306 适配器（不需要 Modem）以 19200bit/s 或 38 400bit/s（只适用于 DigiplexNE）直连到 Digiplex 或 DigiplexNE 主机。

2. 第一次运行 Winload 软件

（1）运行 Winload 软件之前，确定显示模式是小字体显示，如果不确定，单击"开始->设置->控制面板"，双击"显示"，然后选择"设置"栏，单击"高级"，选择"字体大小"列表里的"小字体"选项，单击"确定"。

（2）单击"开始->程序->Winload"。

（3）选择要求的语言然后单击"OK（确定）"。若要选择简体中文，请选择"Chinese Senboll"，如图 2-43 所示。

图 2-43　Winload 界面

（4）安全密码窗口弹出，在第一文本栏输入密码，然后在第二栏重新输入密码进行确定，单击"确定"。

（5）一个弹出对话框用于提示输入用户名和密码还有安全问答。安全问答一般用于忘记了用户名和（或）密码时。默认用户名：**Master**，用户密码：**1234**。在安全问题列表里选择一个安全问题或输入原来自己选好的，然后在安全问题应答栏里输入安全应答答案，单击"确定"按钮。要更改用户名和（或）密码，或者创建新用户的用户名和（或）密码，单击"设置->密码"。

（6）连接设置对话框就会在第一次进入 Winload 的时候自动弹出。如图 2-44 所示。

3. 连接设置

Winload 安装在计算机内，若要想 Winload 与报警主机（区域控制器）建立连接，即能通过计算机将程序下载到报警控制主机或读取报警控制主机的编程信息，需要确定计算机与报警控制主机的通信端口及波特率并要对 Winload 进行恰当的连接设置。有两种方法进行设置，一种是直接通过串口连接，另一种是通过一个调制解调器进行连接。单击窗口的右上角图标即可设置，如图 2-45 所示。

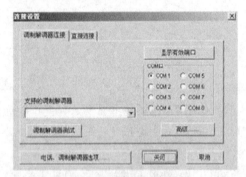

图 2-44　连接设置界面

图 2-45　计算机与报警主机的连接设置

4. Winload 的使用

启用软件后，被授权的用户账号列表窗口就会弹出。如果还没创建用户账号按照 1 到 5 步创建，否则，双击要用的用户账号进行连接或进行修改。

（1）从"账号"主菜单单击"新建"创建新用户，屏幕就会显示如图 2-46 所示。要很好的发挥功能，至少要把表 1 和 2 里边的信息填写完整，单击"账号"主菜单的"保存"保存录入信息。

图 2-46　创建新用户界面

必填信息为账号（输入用户数字代码）和账号组（从用户组列表里选择组）。

（2）创建用户账号后，必须定义该账号使用的是哪一款主机。单击"系统"栏，主机选择的对话框弹出，如图2-47所示。先选择主机类型（Digiplex，DigiplexNE 或 spectra），然后选择主机的适当的版本号。

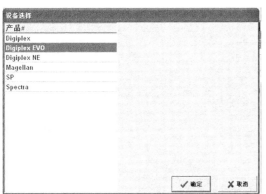

图 2-47 设备选择界面

（3）连接到所选择的主机。连接设置已按照前面所述进行恰当设置。

（4）当主机和 Winload 连接时，连接进程的窗口弹出，如图 2-48 所示。连接完毕连接进程窗口消失，主窗口左下角的红绿指示灯交替闪烁，并有"在线…"显示。

图 2-48 连接进程

（5）若要创建另一个用户，单击"挂断"按钮断开与该账号机的连接，单击"账号"主菜单的"关闭"（或单击"关闭"按钮）。

三、实施流程

Winload 编程软件的操作实施流程，如图 2-49 所示。

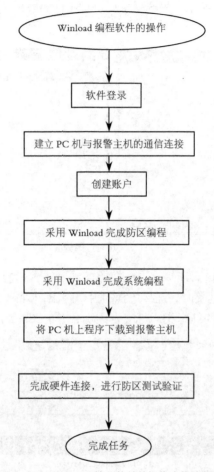

图 2-49　Winload 编程软件的操作实施流程图

四、实训条件

（1）安全防盗报警系统实训装置一套。

（2）PC 一台（配电子地图软件一套）。

（3）便携式万用表，一字螺丝刀，十字螺丝刀。

五、实训步骤

1．软件登录

（1）双击桌面的 Winload 图标，或单击"开始->程序->Winload"，选择要求的语言然后单击"OK（确定）"。

（2）输入默认用户名：Master，用户密码：1234。

2．报警主机与 PC 机连接

将 PC 的 RS232 口与报警主机 EVO192 V1.2 的 RS232 口连接即可。

3．Winload 的使用

启用软件后，被授权的用户账号列表窗口就会弹出。如果还没创建用户账号按照 1 到 5

步创建，否则，双击要用的用户账号进行连接或进行修改。这里已经创建了 DGP 账号，如图 2-50 所示。图标左边分别是报警主机（下面有 8 个 Input，表示报警主机带 8 个防区），下方是通信线，然后是 DGP2-641 键盘（下面有 1 个 Input，表示键盘带 1 个防区），APR3-ZX8 是八防区扩展模块（下面有 8 个 Input，表示扩展模块带 8 个防区），MG-RCV3 是无线扩展模块（下面有 16 个 Input，表示无限扩展模块可带 16 个防区）。

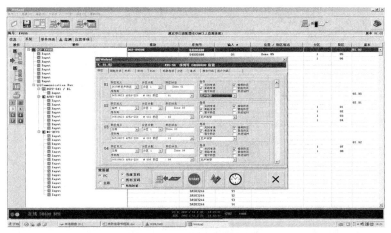

图 2-50 已创建的用户界面

（1）防区设置。

单击 DGP-EV096，可对报警主机上的防区进行各种设置，如图 2-51 所示。可设置防区定义、分区分配、防区标志等，与在键盘上设置类似。键盘、八防区扩展模块、无线扩展模块也采用相同的方法设置。

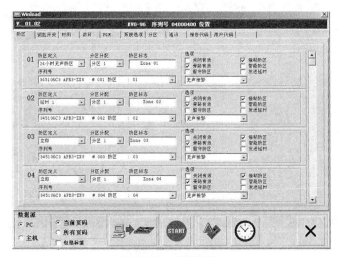

图 2-51 防区设置

（2）系统设置。

单击系统，可进行系统设置，如图 2-52 所示，可设置分区有效、用户密码长度等。

（3）将 PC 上的设置写入报警主机。

确保 PC 与报警主机连接后，单击 ![icon]，然后单击 ![icon] 将计算机上的编程写入报警主机。若图标的方向相反，即是从报警主机读入到计算机。双击即可改变通信方向。

图 2-52　系统设置

4．系统测试

通过软件系统监测，验证各类防区能否正常工作，若不能正常工作，请先检查硬件连接，然后检查编程设置，如图 2-53 所示。

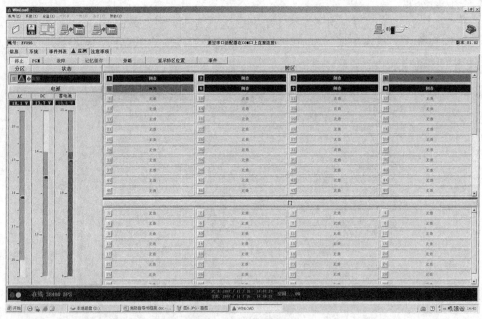

图 2-53　系统测试

实训（验）项目单

姓名：_____　班级：_____班　学号：_____　日期：___年___月___日

项目编号		课程名称		训练对象		学时	
项目名称				成绩			
目的							

一、所需工具、材料、设备（5分）

二、实训要求

1. 系统包含报警主机、扩展模块、无线模块及8个探测器。
2. 采用 Winload 软件对完成一户家庭的防盗报警系统编程。
3. 编程要求如下（也可自行定义端口及防区标签），完成硬件连接图的绘制、硬件连接、程序下载及报警验证。

防区号	所属分区	前端探测器	设备及端口	防区类型	防区标签
001	1分区	紧急按钮	主机-Z2	24小时防区	JJ
002	1分区	被动红外探测器	主机-Z4	立即防区	ML
003	2分区	双鉴探测器	主机-Z6	立即防区	SJ
004	2分区	主动红外探测器	扩展-Z2	24小时防区	ZD
005	2分区	幕帘探测器	扩展-Z5	立即防区	BD
006	1分区	门磁	扩展-Z7	进入延时2（进入延时5s，退出延时8s）	MC

三、实训步骤（75分）

1. 绘制主动红外探测器、被动红外探测器、紧急按钮、双鉴探测器、门磁、幕帘探测器与报警主机的硬件连接图。（10分）
2. 完成系统硬件连接。（10分）
3. 采用 Winload 软件对系统防区编程及系统编程。（35分）
4. 程序下载。（5分）
5. 防区验证。（15分）

四、思考题（10分）

1. 如何采用 Winload 软件对探测器进行布防?（5分）

2. 要设置 1、2 三个分区有效工作，需要设置哪些参数?（5分）

五、实训总结及职业素养。（10分）

评语：

教师：　　　　　　　　　　年　　月　　日

任务四　Nespire 网络报警软件的操作

一、任务描述

小区周界防范采用了主动红外探测器，小区内每户家庭均配置了防盗报警系统，要求将探测器的位置合理分配在小区及家庭中，探测器报警时可立刻知道报警位置，方便出警。

具体任务要求如下：

（1）Nespire 网络报警软件的具体编程方法；

（2）电子地图的使用；

（3）报警系统软件与报警主机的通信方式；

（4）在报警系统软件中防区的验证。

二、知识准备

前面介绍了报警控制主机（区域控制器）如何进行报警采集、编程及控制，而报警控制中心作为管理层，怎么管理各个区域控制器？如何确定报警位置？

报警控制中心由工业控制计算机、声霸卡、多媒体音箱、UPS 不间断电源、打印机及报警中心软件、软件加密狗、电子地图组成。下面就详细介绍报警控制中心软件——Nespire 网络报警软件的使用方法。

1. 启动中心软件步骤

（1）单击 Windows 菜单"开始"中"程序"选项。

（2）再单击"Nespire 网络报警中心"下的"Nespire 网络报警中心"。

（3）弹出值班员登录窗口，如图 2-54 所示。

（4）值班员登录如下。

① 输入值班员代码：admin。

② 输入值班员口令：admin。

③ 点取"确定"进入系统。

④ 点取"取消"退出系统。

注意事项有以下内容。

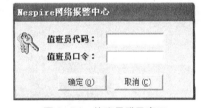

图 2-54　值班员登录窗口

① 值班员可分为系统管理员、资料录入员、一般值班员。系统管理员对报警中心有最大的使用权。

② admin 为缺省值班员代码及口令，值班员为系统管理员。

③ 值班员代码及口令不区分大小写。

④ 值班员口令输错，程序无法进入。

2. 报警中心主要界面

（1）主工作界面。

报警中心主工作界面由菜单栏、功能栏、状态栏及窗口区四部分组成如图 2-55 所示。

① 菜单栏用于执行辅助功能（中心控制、值班人员、用户资料、事件查询、数据备份、窗口切换等管理功能的选取）。

② 功能栏用于执行常用功能（打开用户资料、电子地图、报警事件、门禁事件、所有事件、运行事件、考勤系统、巡更系统、主机控制等）。

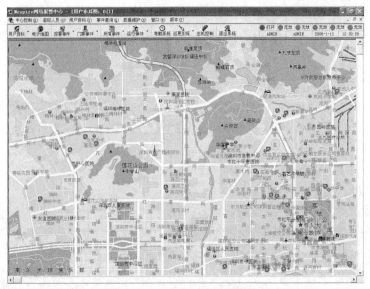

图 2-55　报警中心主工作界面

③ 状态栏用户显示系统状态（显示系统标题 、串口状态、值班员姓名、用户离线户数等）。

④ 窗口区用于显示当前打开的窗口（显示用户资料、电子地图、报警事件、门禁事件、所有事件、运行事件、考勤系统、巡更系统、主机控制等窗口）。

（2）电子地图窗口。

电子地图属于图层管理，用于直观显示报警时报警点的位置及周边地理信息。单击鼠标右键，出现电子地图操作窗口，如图 2-56 所示。值班员可对电子地图选择图层。一旦接收报警，值班员可切换到电子地图窗口，电子地图将自动放大到适当比列，并在屏幕中央用对应的图符显示报警点，值班员在综合了解地图信息后，用鼠标双击报警图符即可进入该警情处理窗口。

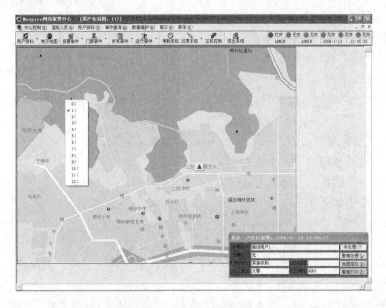

图 2-56　电子地图窗口

（3）报警事件窗口。

报警事件窗口用于显示报警中心接收的所有警情（火警、盗警、紧急警情、医疗救助、布/撤防等）如图 2-57 所示。

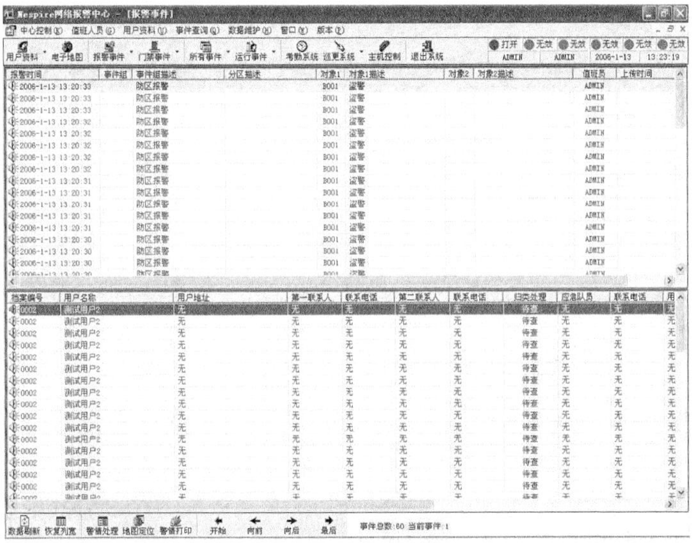

图 2-57　报警事件窗口

报警事件窗口是值班员主要操作窗口，值班员可对接收的警情及当日处警种类（真实报警、误报、待查、模拟报警）信息进行快速分类查询，及时了解接警与处警情况。

"警情处理"——进入当前警情处警窗口，观看报警用户的详细资料。

"地图定位"——切换到电子地图窗口，显示报警用户点。

（4）运行事件窗口。

运行事件窗口用于记录报警中心系统发生的所有事件（登录系统、退出系统、数据备份、恢复、串口打开关闭等），如图 2-58 所示。值班员可对系统事件信息进行快速分类查询，及时了解系统运行情况。

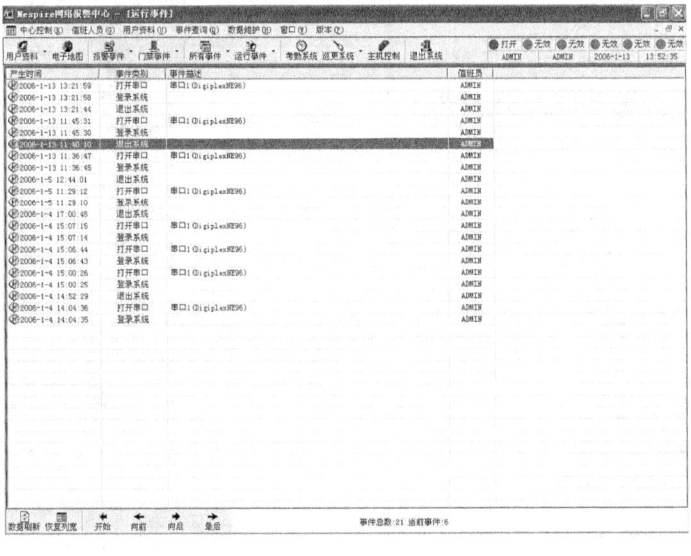

图 2-58　运行事件窗口

（5）用户资料列表窗口。

该窗口用于显示对用户按选定字段排序、对用户作简单查找、打开用户详细资料，如图 2-59 所示。

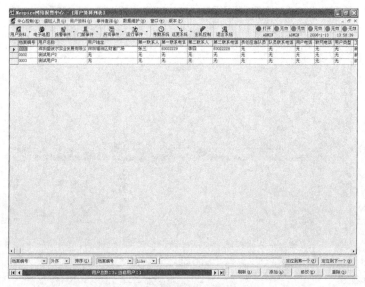

图 2-59　用户资料列表窗口

3．建立、修改入网用户资料

（1）建立新用户资料。

选取菜单"用户资料"下的"添加用户资料"或【Shift】+【Ctrl】+【F5】，弹出"用户资料"窗口，如图 2-60 所示，系统自动增加档案编号。

（2）用户防区图。

用户防区图用于输入用户报警系统（主机、探头）布置分布示意图。操作步骤如下。

① 单击"布置图"弹出布局配置窗口，如图 2-61 所示。

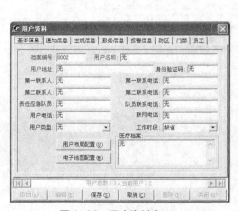

图 2-60　用户资料窗口

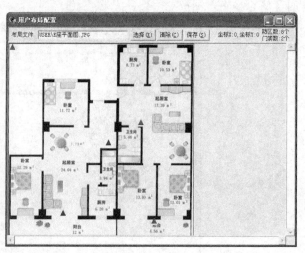

图 2-61　用户布局配置窗口

② 从布局配置窗口中单击"插入"，即可从指定目录中输入用户图形资料。

③ 单击"删除"则将图片去除。

④ 单击"浏览"则根据图片实际大小浏览。

注意事项：用户防区图生成、编辑须由其他图形软件完成。Nespire 软件提供图形接口。Nespire 用户防区图支持 bmp 等格式。

（3）防区信息。

在用户资料窗口，选择"防区"，则显示防区信息，如图 2-62 所示。防区信息用于建立用户报警主机探头种类及防区安装资料，通过单选按钮进行切换。

4．中心控制

（1）串口设置。

从"中心控制"菜单中选择"串口设置"，弹出"串口设置"窗口，如图 2-63 所示。 系统同时支持串口 1 到串口 6，选取串口，设置相应串口参数。

注意事项：串口设置改变后，需重新打开软件才有效。

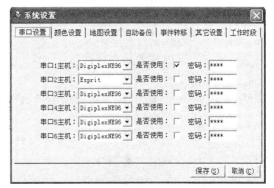

图 2-62　防区信息窗口　　　　　　　　　图 2-63　串口设置窗口

（2）自动打印。

从"中心控制"菜单中选择"自动打印"，选择自动打印。当报警时，系统会进行自动打印。

（3）打开或关闭串口。

启动系统时，系统会自动打开串口设置为使用的端口，若串口已被其他设置使用，系统提示串口已被打开。在系统运行中，串口可被关闭或再次打开。

从"中心控制"菜单选择指定串口，如图 2-64 所示，在中心控制下的最后 6 个菜单分别对应串口 1 到串口 6，串口名称后括号内附有该串口的功能。

菜单显示灰色表示该串口没使用，状态栏显示灰色。

菜单显示深黑色并且在串口名称前显示勾选，表示该串口已打开，状态栏显示红色。

菜单显示深黑色但在串口名称前显示勾选，表示该串口已关闭，状态栏显示绿色。

图 2-64　中心控制窗口

5．接收警情与警情处理

（1）报警事件窗口显示报警。

报警中心接收到各类报警信息，将在报警事件窗口中实时显示。报警事件窗口是值班员主要观看、处警窗口系统接收到"火警"、"盗警"、"紧急"、"医疗求助"或"未知用户"时，报警中心自动切换到报警事件窗口，记录指针向接收警情。"布防"、"撤防"及其他信号接收不影响当前中心操作。

（2）电子地图窗口显示报警。

报警中心接收到报警信息时，电子地图自动放大到合适比例，并在地图中心用户报警点显示相应的图符。电子地图窗口是值班员处警辅助窗口。

点取报警事件窗口中"电子地图"按钮即可进入电子地图窗口，单击电子地图窗口中央报警图符即可进入防区布局图。

（3）现场警号鸣叫。

报警中心接收到报警信息时，将自动驱动音箱播放警号声，提醒值班员进行处理。

注意事项：只有接收到在通信协议里为有声的警情时，警号才被触发。

报警中心接收到报警信息时，可自动或人工方式打印处警通知单，将主菜单中"中心控制"中"自动打印"按下，设置中心接警自动打印。

注意事项：通常设置为人工打印方式。自动打印时请确认打印机使用状态良好且装有充足打印纸。

（4）警情处理。

报警中心完成警情信号接收后，值班员应对警情进行处理。

进入电子地图窗口，点取控制栏中"电子地图"，查看最近一次报警事件，也可点取报警事件窗口中"电子地图"，查看指定记录报警事件。

（5）进入电子处警通知单窗口。

值班员进入处警通知单窗口。查看报警用户详细资料，并依此采取处警措施，也可在报警事件窗口中，点取"警情处理"进入。

处警通知单窗口由报警用户"用户信息"、"通知信息"、"警情信息"、"警情判断"、"图片信息"、"医疗档案"、"处警方案"及"处理内容"组成，如图2-65所示。

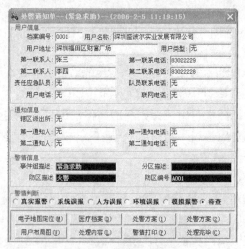

图2-65　处警通知单窗口

值班员应根据用户资料对警情进行综合分析，判断警情类型。值班员警情判断完毕后必须在"警情判断"栏中确定。

对于"真实报警"，值班员必须依照处警信息内容采取处警措施。

对于"待查"，值班员必须事后根据处警人员处警情况重新判断。

（6）警情判断。

值班员对接收的每个警情必须进行判断。"真实报警"——警情确实发生，"误报"——人为误报操作、误触发，"模拟报警"——报警器测试，"待查"——无法判断警情、未知用户。

注意事项："待查"为默认判断 。

值班员只需对"火警"、"盗警"、"紧急"、"医疗求助"警情进行判断。

（7）警情复核。

对于处理为"待查"的警情，值班员事后必须根据处警人员反馈的资料，重新判断警情（即真实报警、模拟报警、误报）。

进入报警事件窗口，点取"待查"按钮，显示当天所有"待查"警情，移动记录指针到指定警情，点取"警情处理"进入处警通知单窗口重新处理。

基本资料、档案编号、地图坐标、通知信息、主机信息、服务信息、报警信息、值班员管理、资料查询、数据维护等不详细介绍。

三、实训条件

（1）安全防盗报警系统实训装置一套。

（2）PC 一台（配电子地图软件一套）。

（3）便携式万用表，一字螺丝刀，十字螺丝刀。

四、实施流程

Nespire 网络报警软件的操作流程如图 2-66 所示。

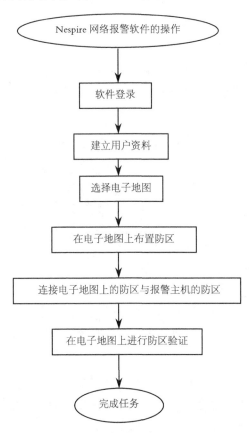

图 2-66　Nespire 网络报警软件的操作流程图

五、实训步骤

1．软件登录

双击桌面的 Nespire 网络报警图标，或单击"开始->程序-> Nespire 网络报警"，弹出值班员登录窗口。值班员登录，输入值班员代码：admin，输入值班员口令：admin。

2．建立新用户资料

选取菜单"用户资料"下的"添加用户资料"或【Shift】+【Ctrl】+【F5】，弹出"用户资料"窗口，如图 2-67 所示，系统自动增加档案编号。

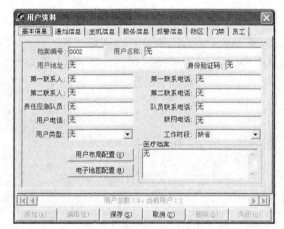

图 2-67　用户资料

单击"用户布置图"弹出布置图窗口，如图 2-68 所示，从布置图窗口中单击"插入"，即可从指定目录中输入用户图形资料。

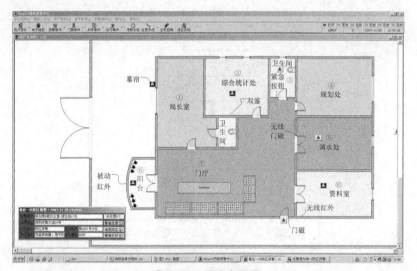

图 2-68　用户布置图

3．防区信息

防区信息用于建立用户报警主机探头种类及防区安装资料，通过单选按钮进行切换。将系统连接的各防区与电子地图上的防区图标进行连接，如图 2-69 所示。

4．系统测试

通过软件系统监测，验证各类防区能否正常工作。当防区发生报警时，相应电子地图上的防区图标显示。若不能正常工作，请先检查硬件连接，然后检查编程设置。

图 2-69　防区信息

实训（验）项目单

姓名：_____　班级：_____班　学号：_____　日期：___年___月___日

项目编号		课程名称		训练对象		学时	
项目名称				成绩			
目的							

一、所需工具、材料、设备。（5分）

二、实训要求

1. 系统包含报警主机、扩展模块及探测器，按任务三完成的编程及硬件连接。
2. 完成家庭电子地图布置，要求客厅设置1个紧急按钮及1个被动红外探测器，大门处设置1个门磁，主卧设置1个双鉴探测器及1个幕帘探测器。
3. 完成小区电子地图布置，要求在围墙外设置一对主动红外探测器。
4. 防区验证。

三、实训步骤（75分）

1. 按任务三完成系统的硬件连接。（7分）
2. 按任务三完成系统的软件编程。（8分）
3. 建立某户用户资料，选择合适的用户电子布置图，在用户电子布置图上完成探测器布置。（20分）
4. 建立小区电子地图，在小区电子地图上布置一对主动红外探测器。（10分）
5. 将系统连接的各防区与电子地图上的防区图标进行连接。（20分）
6. 通过软件系统监测，验证各类防区能否正常工作，防区在电子地图的相应位置是不是有响应？（10分）

四、思考题（10分）

1. 如何导入系统中没有的图片作为用户的电子地图？（5分）

2. 将系统连接的各防区与电子地图上的防区图标进行连接需要哪些设置步骤？（5分）

五、实训总结及职业素养。（10分）

评语：

教师： 年 月 日

任务五 防盗报警系统设计

一、任务描述

该小区为一智能化小区，有6栋18层住宅，以二房、三房、四房户型为主。B户型两房户型图见任务一、A户型四房户型图见任务二，C、D三房户型图如图2-70所示。

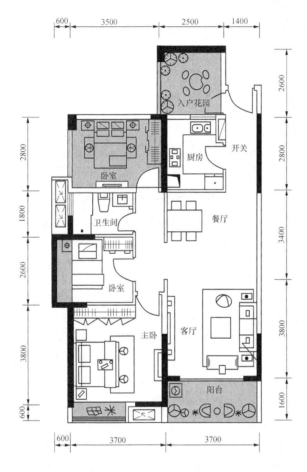

图 2-70 三房户型图

现需要对小区每家每户进行防盗报警系统设计，具体要求如下。

（1）绘制某一栋各类户型探测器平面布置图。（1、2、5、6栋A、B、C、D户型，3、4栋A、B、C户型。）

（2）绘制防盗报警系统图。

（3）选择各类设备（探测器、报警主机、报警中心机等）。

（4）编制设备清单。

（5）撰写系统设计方案。

二、知识准备

防盗报警系统设计要点与设计步骤如下：

1．依据设计要求确定防范区域与探测区域

首先分析设防区域和部位，设防区域一般场所分类如表 2-1 所示。

设防区域类别		设防区域
周界	外周界	建筑物单体外围、建筑物群体外层、建筑物周边外墙等
	内周界	建筑物单体内层、建筑物群体内层、建筑物地面层、建筑物顶层及墙体、地板或天花板等
人员车辆出入口	正常出入口	建筑物及建筑物群周界出入口、建筑物地面层出入口、建筑物内或楼群间通道出入口、安全出口、疏散出口等
	非正常出入口	建筑物门、窗、天窗、通风道、电缆井（沟）、给排水管道等
通道		周界内主要通道、门厅（大堂）、楼内各楼层内部通道、各楼层电梯厅、自动扶梯口等
公共区域		营业场所外厅、重要部位外厅或前室、会客厅、商务中心、购物中心、会议厅、多媒体教室、功能转换层、避难层等
重要部位		贵重物品展览厅、营业场所内厅、档案资料室、保密室、重要工作室、财务出纳室、建筑机电设备监控中心、楼层设备间、信息机房、重要物品库、保险柜、监控中心等

防区划分可以是一个楼层、或几个房间、或一个房间，每个防区可包含任意数量的报警点，通过报警管理软件可按时间监控和操作各区域的布撤防、报警点等。

探测区域应按独立房（套）间划分。一个探测区域的面积由具体规格型号的探测器的技术参数决定，选择的探测器其探测灵敏度及覆盖范围应满足使用要求，防范区域应在探测器的有效探测范围内，防范区域内应无盲区。采用多种技术的入侵探测器交叉覆盖时，应避免相互干扰。

2．探测器的选择与布置

现场报警控制器宜采用壁挂式安装，宜安装在隐蔽安全的位置。

不同场所选择探测器种类如表 2-2 所示，各种探测器的安装及设计要求如表 2-3 所示。绘制探测器平面布置图时，需要采用探测器文字符号及图形符号，如表 2-4 所示。详细信息可参见附录。

3．传输方式、线缆选型与敷设

传输方式除应符合《安全防范工程技术规范》（GB50348-2004）相关规定外，还应符合下列规定。

（1）防区较少，且探测器与报警控制器之间的距离不大于 100m 的场所，宜选用多线制防盗报警系统。当系统采用分线制时，宜采用不少于 5 芯的通信电缆，每芯截面不宜低于 0.5mm²。

（2）防区数量较多，且探测器与报警控制器之间的距离不大于 1500m 的场所，或现场要

求具有布防、撤防等控制功能的场所，宜选用总线制防盗报警系统。当系统采用总线制时，总线电缆宜采用不少于 6 芯的通信电缆，每芯截面不宜低于 1.0mm²。当现场与监控中心距离较远时，可选用光缆传输。

（3）布线困难的场所，宜选用无线制防盗报警系统，但无线设备不应对其他电子设施造成各种可能的相互干扰。或可采用以上方式的组合，即组合防盗报警系统。

室内线路敷设优先采用金属管，还可采用阻燃硬质或半硬质塑料管、塑料线槽及附件等。

表 2-2　探测器的选择

探测区域或部位		探测器种类
周界的探测器选型	规则的外周界	主动式红外探测器、微波墙式探测器、激光式探测器、光纤式周界探测器、振动电缆探测器、泄露电缆探测器、电场线感应式探测器等
	不规则的外周界	光纤式周界探测器、长导体电体断裂原理探测器、振动电缆探测器、泄露电缆探测器、电场线感应式探测器、高压电子脉冲式探测器等
	无围墙（栏）的外周界	主动式红外探测器、微波墙式探测器、激光式探测器、泄露电缆探测器、电场线感应式探测器、高压电子脉冲式探测器等
	内周界	振动探测器、声控振动双技术玻璃破碎探测器等
出入口的探测器选型	人员车辆等正常出入口	多普勒微波探测器、被动红外探测器、超声波探测器、声控探测器、视频探测器、微波红外双技术探测器、超声波红外双技术探测器、磁控开关等
	其他非正常出入口	多普勒微波探测器、被动红外探测器、超声波探测器、声控探测器、视频探测器、微波红外双技术探测器、超声波红外双技术探测器、声控玻璃破碎探测器、振动探测器、磁控开关、短导电体的断裂原理探测器等
通道的探测器选型		多普勒微波探测器、被动红外探测器、超声波探测器、声控探测器、视频探测器、微波红外双技术探测器、超声波红外双技术探测器等
公共区域的探测器选型		多普勒微波探测器、被动红外探测器、超声波探测器、声控探测器、视频探测器、微波红外双技术探测器、超声波红外双技术探测器、报警紧急装置等
重要部位的探测器选型		多普勒微波探测器、被动红外探测器、超声波探测器、声控探测器、视频探测器、微波红外双技术探测器、超声波红外双技术探测器、振动探测器、声控振动双技术玻璃破碎、磁控开关、报警紧急装置等

78

表 2-3　常用探测安装设计要点

名称	适应场所与安装方式	主要特点	安装设计要点	适宜工作环境和条件	不适宜工作环境和条件	宜选用含下列技术器材
被动红外入侵探测器	室内空间型　吸顶　壁挂　幕帘　楼道	被动式（多台交叉使用需互不干扰，功耗低，可靠性较好）	小于安装，距地宜小于 3.6m；距地 2.2m 左右，视场中心与可能入侵方向成 90°；距地 2.2m 左右，视场面对楼道	日常环境噪声，温度在 15～25℃时探测效果最佳	背景有热冷变化，如冷热气流、强光间歇照射等；背景温度接近人体温度；强电磁场干扰；小动物频繁出没场合等	自动温度补偿技术；抗小动物干扰技术；防强光挡光技术；抗强光干扰技术；智能鉴别技术
微波动红外双技术探测器	室内空间型　吸顶　壁挂　楼道	误报警少（与被动红外探测器相比），可靠性较好	水平安装，距地宜小于 4.5m；距地 2.2m 左右，视场中心与可能入侵方向成 45°；距地 2.2m 左右，视场面对楼道	日常环境噪声，温度在 15～25℃时探测效果最佳	背景温度接近人体温度；强电磁场干扰；小动物频繁出没场合等	双一单转换型，自动温度补偿技术；抗小动物干扰技术；防强光挡光技术；智能鉴别技术
声控单技术玻璃破碎探测器	室内空间型、壁挂等	被动式，仅对玻璃破碎声等高频声响敏感	应尽量靠近所要保护玻璃附近的墙壁或天花板上，夹角不大于 90°	日常环境噪声	环境嘈杂，附近有金属打击声、汽笛声、电铃等高频声响	智能鉴别技术
声控次声波玻璃破碎探测器	室内空间型	误报警少（与声控单技术玻璃破碎探测器相比），可靠性较高	室内任何地方，但需满足探测器的探测半径要求	警戒空间要有较好密封性	简易或密封性不好的室内	智能鉴别技术

名称	适应场所与安装方式	主要特点	安装设计要点	适宜工作环境和条件	不适宜工作环境和条件	宜选用合下列技术器材
多普勒微波入侵探测器	室内空间，壁挂式	不受声、光、热的影响	距地1.5~2.2m，严禁对着房间的外墙、外窗	可在环境噪声较强、光变化、热变化较大的条件下工作	有活动物和可能活动物，微波场内高频电磁场环境，防护区域内有过大、过厚的物体	平面天线技术；智能鉴别技术
开关、速度振动探测器	室内、室外	灵敏度高，被动式	距地2~2.4m（墙体安装），室外埋入地下10cm左右，与建筑实体一体化	远离振源（1~3m）	地质板的冻结或土质松软的泥土地	须配置具有信号比较和鉴别技术的分析器
压电式振动探测器	室内、室外	被动式	墙壁、天花板、玻璃、室外地面表层物下面、保护栏网或桩柱	远离振源（1~3m）	时常引起振动或环境过于嘈杂的场合	智能鉴别技术
声控振动玻璃破碎探测器	室内	误报警少、漏报警多（与声控单技术玻璃破碎探测器相比）	玻璃附近的墙壁或天花板上	日常环境噪声	环境过于嘈杂的场合	双一单转换型；智能鉴别技术

项目二 防盗报警系统

表 2-4　常用智能化系统设备图形符号

序号	符号	名称	序号	符号	名称	序号	符号	名称
闭路电视监控系统			结构化综合布线系统			多媒体显示系统		
1		超低照度黑白摄像机	1		单口数据插座	1		PC
2		半球形黑白摄像机	2		单口语音插座	2		5m² 室内双基色显示屏
3		彩色一体化半球形摄像机	3		双口信息插座	3		6m² 室内双基色显示屏
4		警号	4		配线架	4		防拆开关
5	21"	21 寸彩色电视机	卫星/有线电视系统			观摩系统		
6	KB	云台控制键盘	1		宽带放大器	1		彩色快球摄像机
7	UPS	不间断电源	2		一分支器，n 为分支损耗	2	接交控制器	捷变调制器
防盗报警系统			3		二分支器，n 为分支损耗	3	29"	29 寸电视机
1		紧急按钮	4		四分支器，n 为分支损耗	4	9"	9 寸电视机
2		双鉴探测器	5		六分支器，n 为分支损耗	程控交换系统		
3		门磁	6		双向数据终端盒	1		单口语音插座
4		布撤防键盘	7		75Ω 终端负载电阻	2		双口信息插座
5		燃气泄漏探测器	背景音乐/广播系统			3		配线架
周界防越报警系统			1	SM	AM/FM 调谐模块	4		电话机
1	TX RX	红外对射探测器	2	CD	5 碟 CD 机	数字会议系统		
智能卡系统			3	SK	双卡座	1	控制主机	控制主机
1		出门按钮	4	MK	麦克风	2	TYZ	投影机
2		读卡器	5	GB	紧急广播主机	3	投影屏幕	投影屏幕
3		电控锁	6		功率放大器	扩音系统		
4		控制器	7		音量调节开关	1	TS-700	控制器
5		闭门器	8		吸顶式喇叭	2		UHF 无线接收机
6	CZ	射频卡充值机	9		壁挂式喇叭	3		主席法官机

序号	符号	名称	序号	符号	名称	序号	符号	名称
7	PC	PC	10	⌷⌷⌷⌷⌷	床头控制板	4		代表机
8	UPS	不间断电源	证据显示系统			5		壁挂式扬声器
9	MK1	传输模块	1	YD	影碟机	6		UHF 无线麦克风
10	SF	射频卡自动收费机	2	DVD	DVD 播放器	计算机网络系统		
11	MK2	传输模块	3	SK	双卡座	1	D	单口数据插座
12	KQ	考勤机	4	TY	实物投影仪	2	D H	双口信息插座
13	◡	门磁	5	TYJ	投影机	3	⋈	配线架
			6	投影屏幕	投影屏幕	4		电脑

三、设备条件

1. 计算机（安装 AutoCAD、Winload）。

2. 各类探测器若干；

3. 报警控制器及报警控制主机。

四、实施流程

具体流程如图 2-71 所示。

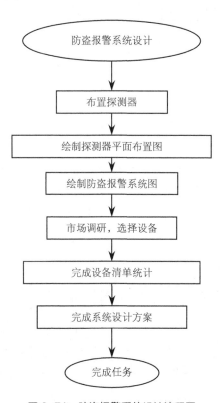

图 2-71 防盗报警系统设计流程图

五、实施步骤

本实施步骤以某办公楼防盗报警系统设计为案例来说明,学生按照实训项目单要求完成防盗报警系统设计。

1．项目概况

某办公楼共有 5 层,32 个需要防范的工作房间面积均小于 $40m^2$,5 层会议室较大为 300 m^2 左右。在楼内设置安全防范报警系统,要求对每层楼内走廊、电梯口、楼梯口、各个工作房间、财务处、主要领导办公室、资料档案室进行安全防范。其中,财务处 2 个房间、2 个领导办公室、资料档案室 3 个房间为重点防范区域。

全楼进行火警预报检测。报警主机设在保卫值班室,要求储存 3 个电话号码,发生警情向负责保卫领导、保卫处长和上一级报警值班室自动报警。报警输出设备为报警打印机、警灯和警号。

要求对整个办公楼进行全面防范,入侵者从任何位置进入办公楼均能触发报警。重点防范部门要求能单独识别。其余部位以楼层为单位进行报警事件识别。

2．项目平面图

用户提供平面图一份,如图 2-72 所示。

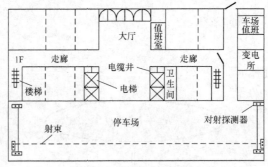

(a) 1 层、停车场平面图

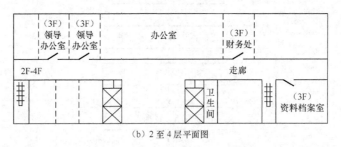

(b) 2 至 4 层平面图

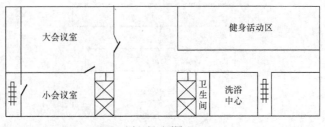

(c) 5 层平面图

图 2-72　某办公楼平面图

3．安全防范系统设计方案（摘要）

根据现场勘察结果和用户设计要求，安全防范报警系统设计方案如下。

（1）防区的划分。

根据用户防范需要，全楼共划分为 16 个防区，防区分布为以下几部分

① 停车场区。

主要防范越墙进入停车场的入侵者。设计采用 3 套室外型主动红外对射式探测器，对围墙实行交叉封锁。其中一套探测距离为 200m，另外 2 套探测距离为 50m 的主动对射式红外探测器。3 路主动对射式红外探测器连接成一路防区后，通过埋地管线引入停车场值班室。停车场值班室设置 1 台报警控制主机，用于对围墙入侵者报警。同时，该报警控制主机作为报警控制中心的一个区域控制器，连接到报警控制中心。

② 领导办公室区。

由于 2 个领导办公室相邻，每个领导办公室安装 2 个被动红外/微波报警探测器。共 4 个报警探测器。

③ 财务处区。

财务处共有 3 个房间，1 个金柜。金柜内夜间不存放较大数量现金。对金柜单独设置 1 个被动红外/微波报警探测器及 1 个震动探测器进行防范，每个房间设置 1 个被动红外/微波报警探测器，共 5 个报警探测器构成财务室防区。

④ 资料档案室区。

资料档案室共有 3 个房间，1 个房间有窗户，其余 2 个房间无窗户。设置 4 个被动红外/微波报警探测器，其中 1 个用于第 1 个房间窗口防范，另 3 个报警探测器被动红外/微波报警探测器安装于 3 个房间顶部，用于空间防范。另外，在每个房间中央安装1个烟感报警探测器作为火警防区，用于对火灾监测。所以，资料档案室共需安装 4 个被动红外/微波报警探测器和 3 个烟感报警探测器。

⑤ 其余区域设置。

剩余的 24 个需要防范的房间，每个房间内安装 1 个被动红外/微波报警探测器；5 楼会议室安装 3 个被动红外/微波报警探测器。在每层楼走廊内分别设置 2 个长距离被动红外/微波报警探测器，用作走廊内，楼梯口的报警探测。

按楼层划分防区，共设置 5 个楼层防区。

⑥ 火警区的设置。

除了资料档案室单独设立 1 个火警防区以外，在每层各设置 3 个烟感探测器作为 1 个火警防区。共计 5 个火警防区 15 个烟感探测器。

综上所述，共设置 16 个防区，一共需要安装 70 个报警探测器。其中，主动对射式红外报警探测器 3 对，被动红外/微波报警探测器 40 个，被动红外/微波长距报警探测器 9 个，烟感探测器 18 个。

（2）报警系统控制设备选择。

报警控制主机（区域控制器）选择枫叶牌 EOV192 报警控制主机 1 台，报警控制主机带有 8 路基本防区。增加 1 块 8 路防区扩充板，构成 16 路防区的报警控制主机。另外，选择 1 台单防区报警控制主机安装在停车场值班室，与报警控制主机 EOV192 联网。

报警辅助设备为：1 台报警打印机，用于警情报告打印，2 个警号（5W）和 2 个警灯，1 台 3A 直流稳压电源，1 台 500W UPS 交流不间断稳压电源，带有蓄电池。报警控制台 1 个。

（3）传输系统设计。

系统采用有线传输方式。室外停车场 3 对主动对射式红外报警探测器传输线采用埋管安装。室内垂直方向在电缆井内布线，加塑料线槽保护。每层楼内由吊棚内布线。加阻燃塑料线管和接线盒。传输线选用 4 芯塑料护套电缆。每芯线径为 0.5mm² 可以满足要求。

（4）办公楼安全防范报警系统图。

该办公楼安全防范报警系统如图 2-73 所示。

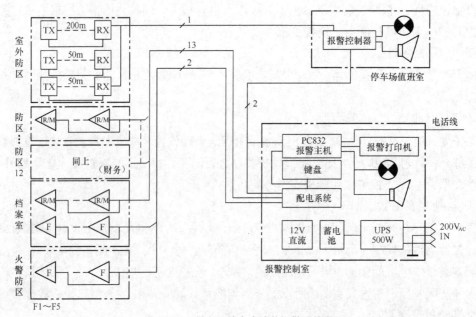

图 2-73　某办公楼安全防范报警系统图

实训（验）项目单

姓名：_____　班级：_____班　学号：_____　　日期：___年___月___日

项目编号		课程名称		训练对象		学时	
项目名称			成绩				
目的							

一、所需工具、材料、设备。（5分）

二、实训要求

1. 绘制某一栋各类户型探测器平面布置图。（1、2、5、6栋A、B、C、D户型，3、4栋A、B、C户型）
2. 绘制防盗报警系统图。
3. 选择各类设备（探测器、报警主机、报警中心机等）。
4. 编制设备清单。
5. 撰写系统设计方案。

三、实训步骤（90分）

1. 选择户型，确定不同户型所需采用的探测器类型及数量。（10分）
2. 采用AUTOCAD软件绘制各类户型探测器平面布置图。（10分）
3. 绘制防盗报警系统图。（15分）
4. 市场调研，了解防盗报警系统品牌及市场占有率，选择至少三个品牌进行比较，确定设计采用的品牌。（15分）
5. 根据品牌的具体参数及性能指标，完成系统设计的设备清单统计及选型。（20分）
6. 撰写防盗报警系统设计方案。（20分）

四、实训总结及职业素养。（5分）

评语：

教师：　　　　　　　　年　　月　　日

PART 3

项目三
闭路电视监控系统

　　闭路电视监控系统是安防领域中的重要组成部分，系统通过摄像机及其辅助设备（镜头、云台等），直接观察被监视场所的情况，同时可以把被监视场所的情况进行同步录像。另外，电视监控系统还可以与防盗报警系统等其他安全技术防范体系联动运行，使用户安全防范能力得到整体的提高，如图 3-1 所示。

图 3-1　闭路电视监控系统

【项目知识】

一、闭路电视系统的特点

　　通常电视分为广播电视和应用电视两大类。

　　我们把用于广播的电视称为广播电视，如日常的电视台的广播电视和共用天线电视（CATV），它们的主要用途是作为大众传播媒介，向大众提供电视节目，丰富人们的精神文化生活。

　　应用电视和 CATV 有线电视一样，通常都采用同轴电缆（或光缆）作为电视信号的传播介质，其特点都是不向空间发射频率，故统称闭路电视（Closed Circuit Television，CCTV）。

　　与广播电视相比，宾馆、商场、工业、交通等所用的 CCTV 系统具有如下特点。

　　（1）CCTV 系统与扩散型的广播电视不同，是集中型，一般作监测、控制、管理使用。

　　（2）CCTV 系统的信息来源于多台摄像机，多路信号要求同时传输、同时显示。

（3）用户是在一个或几个有限的点上，比较集中，目的是收集或监视信号，传输的距离一般较短，多在几十米到几公里的有限范围内。

（4）一般都采用闭路传输，极少采用开路传输方式。一千米以内用基带传输，一千米以上可以用射频传输或光缆传输。

（5）一般用视频直接传输，不用射频传输。视频传输又称基带传输，即不经过频率变换等任何处理，直接传送摄像机等设备输出的视频信号。

（6）除向接收端传输视频信号外，还要向摄像机传送控制信号和电源，因此是一种双向的多路传输系统。

二、闭路电视监控系统的基本组成

闭路电视监控系统根据其使用环境、使用部门和系统的功能而有不同的组成方式。无论系统规模的大小和功能的多少，一般闭路电视监控系统由摄像、传输、控制、图像处理和显示等四个部分组成，如图 3-2 所示。各部分通过总线 RS485 和控制部分（矩阵等）相连；而控制部分（矩阵等）又可通过通信接口模块 RS232 与计算机相连。

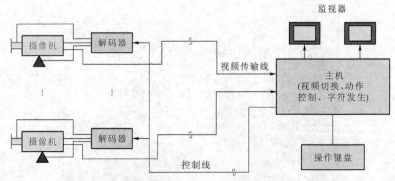

图 3-2　闭路电视监控系统结构图

1．摄像部分

摄像部分的作用是把系统所监视的目标，即把被摄体的光、声信号变成电信号，然后送入 CCTV 系统的传输分配部分进行传送。摄像部分的核心是电视摄像机，它是信号转换的主体设备，是整个 CCTV 系统的眼睛。摄像机的种类很多，不同的系统可以根据不同的使用目的选择不同的摄像机以及镜头、滤色片等。

2．传输分配部分

传输分配部分的作用是将摄像机输出的视频（有时包括音频）信号馈送到中心机房或其他监视点。CCTV 系统一般采用以视频信号本身的传输为传输分配方式的基带传输，有时也采用载波传送或脉冲编码调制传送，采用光缆为传输介质的系统都采用光通信方式传送。

3．控制部分

控制部分的作用是在中心机房通过有关设备对系统的摄像和传输分配部分的设备进行远距离遥控。

控制部分有以下主要设备。

（1）集中控制器：一般装在中心机房、调度室或某些监视点上。使用控制器再配合一些辅助设备，可以对摄像机工作状态，如电源的接通、关断、水平旋转、垂直俯仰、远距离广角变焦等进行遥控。一台遥控器按其型号不同能够控制摄像机的数量不等，一般为 1～6 台。

（2）电动云台：它用于安装摄像机。云台在控制电压（云台控制器输出的电压）的作用下，作水平和垂直转动，使摄像机能在大范围内对准并摄取所需要的观察目标。

（3）云台控制器：它与云台配合使用，其作用是在集中控制器输出的控制电压作用下，云台内电机转动，从而完成旋转动作等。

（4）微机控制器：是一种较先进的多功能控制器，与相应的解码器、云台控制器、视频切换器等设备配套使用，可以较方便地组成一级或二级控制，并留有功能扩展接口。它采用微处理机技术，其稳定性和可靠性好。并且其控制信号传输线可以采取串并联相结合的布线方式，从而节约大量电缆，降低了工程费用。

4．图像处理与显示部分

图像处理是指对系统传输的图像信号进行切换、记录、重放、加工和复制等功能。显示部分则是使用监视器进行图像重现，有时还采用投影电视来显示其图像信号。

图像处理和显示部分有以下主要设备。

（1）视频切换器：它能对多路视频信号进行自动或手动切换，使一个监视器能监视多台摄像机信号。在要求高的场合，如专业电视台节目制作和播出系统还使用特技切换器，其功能全、效果好，但操作复杂。

（2）监视器和录像机：监视器的作用是把送来的摄像机信号重现。

三、闭路电视系统的常用设备介绍

1．摄像机

摄像机是对监视区域进行摄像并将其转换成电信号的设备。摄像机分为彩色和黑白两种，一般黑白摄像机要比彩色的灵敏度高，比较适合用于光线不足的地方。如果使用的目的只是监视景物的位置和移动，则可采用黑白摄像机；如果要分辨被摄像物体的细节，比如分辨衣物或景物的颜色，则选用彩色的效果会较好。

常见的摄像机如图3-3所示。

另外，为使监视范围更广阔，摄像机与电动旋转云台、电动变焦镜头组合。通过对云台旋转控制，可全方位扩大监视范围；通过变换镜头焦距，可拉远或拉近监视画面，还可以锁定监视目标。目前使用较先进的是把云台、变焦镜头和摄像机封装在一起的一体化摄像机，它们配有高级的伺服系统，云台可以有很高的旋转速度，还可以预置监视点和巡视路径，这样平时可以按设定的路线进行自动巡视，一旦发生报警，就能很快地对准报警点，进行定点的监视和录像。一台摄像机可以起到几台摄像机的作用。

2．监视器及录像机

（1）监视器：监视图像的设备。监视器与普通电视机的区别在于监视器少了音频通道，其清晰度较一般电视机要高。通常分为黑白和彩色两种。

（2）录像机：目前多用数字硬盘作为录像机，将模拟的音视频信号转变为数字信号存储在硬盘上，并提供录制、播放和管理功能的设备。

3．控制设备

视频控制设备的主要任务是，把前端摄像机输出的图像信号送到监视器，供控制中心管理人员现场监视。另外，管理人员根据监视情况，通过控制中心，把控制信号传递到前端的解码器，再由解码器输出模拟信号控制云台和摄像机，以便对现场进行监视及人工技术处理。

摄像机

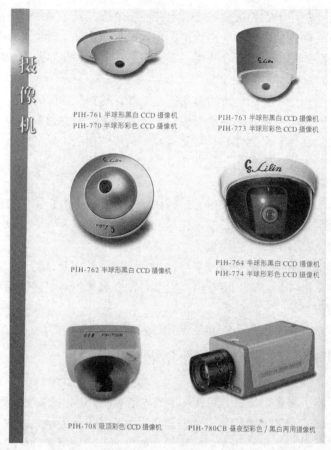

PIH-761 半球形黑白 CCD 摄像机
PIH-770 半球形彩色 CCD 摄像机

PIH-763 半球形黑白 CCD 摄像机
PIH-773 半球形彩色 CCD 摄像机

PIH-762 半球形黑白 CCD 摄像机

PIH-764 半球形黑白 CCD 摄像机
PIH-774 半球形彩色 CCD 摄像机

PIH-708 吸顶彩色 CCD 摄像机

PIH-780CB 昼夜型彩色 / 黑白两用摄像机

图 3-3　摄像机

　　视频监控终端主要由视频分配器、视频放大器、画面分割器（或视频矩阵切换器和画面切换器）、硬盘录像机（或磁带录像机）、显示器和监视器（或电视墙）以及报警处理器等组成，其组成框图如图 3-4 所示。

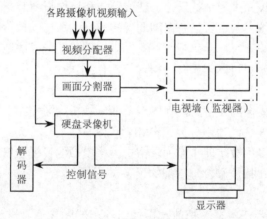

图 3-4　视频监控系统控制设备的组成框图

　　（1）视频分配器。

　　分配器的任务是将单路信号在没有信号损失的情况下分成多路相同的信号，供给多个用户使用。

视频监控系统常用分配器可分为 AV 分配器、VGA 视频分配器及一些专用分配器（如长距离分配器）。

（2）视频放大器。

视频信号经过同轴电缆长距离传输后会造成一定的衰减，视频信号高频分量部分的衰减尤为严重。根据 SYV-75-5 型的同轴电缆传输特性，通常视频信号传输距离在 400m 左右（若线径更小的同轴电缆，则其传输距离还要短），超过这一距离后，图像质量明显下降。因此，当进行长距离视频信号传输时，必须采用视频放大器。经过放大补偿的视频信号，其传输距离可由几百米有效扩展到数千米。

视频放大器常见的类型有单路视频输入/单路视频输出、单路视频输入/多路视频输出、多路视频输入/多路视频输出。

视频放大器通常采用末端补偿方式，应将其安装在传输同轴电缆的末端，即安装在矩阵切换设备、画面分割器及记录、显示等设备之前。

（3）画面分割器：使多路视频信号合成为一路输出，进入一台监控器的设备，可在屏幕上同时显示多个画面，分割方式常有 4 画面、9 画面及 16 画面等。

（4）视频矩阵切换器

视频矩阵切换器是闭路电视监控系统中管理视频信号的核心设备。使 M 台摄像机摄取的图像（产生的视频信号）送到 N 台监视器上轮换分配显示，同时处理多路控制命令，与操作键盘、多媒体计算机控制平台等设备通过通信连接组成视频监控中心。

矩阵切换器在产品设计时，充分考虑了其矩阵规模的可扩展性，用户可根据不同时期的需要进行扩展。小规模视频矩阵切换器常见的有 32×16（32 路视频输入、16 路视频输出）、16×8（16 路视频输入、8 路视频输出）等。大规模矩阵切换器有 128×32（128 路视频输入、32 路视频输出）、1024×64（1024 路视频输入、64 路视频输出）等。

（5）解码器：解码器在闭路电视监控系统中主要负责将各操作键盘（或矩阵切换器）发送来的指令进行译码，并根据译码的结果为云台、镜头、摄像机、护罩等前端设备提供电源，以驱动前端设备动作。解码器通常与带有云台、镜头等控制的摄像机一起安装在现场。

（6）操作键盘：是闭路电视监控系统中的专用控制键盘，一般用它来控制系统中的其他设备。如通过矩阵控制主机，进行选路、扫描、锁定、解锁等功能处理；通过解码器，控制云台上、下、左、右转动；通过解码器，控制摄像机镜头的焦距长短、聚焦远近等。

（7）多媒体计算机控制平台：利用计算机综合集成地处理文字、图形、图像、声音、视频等媒体，使其具有强大的信息传播和处理功能。

四、闭路电视监控系统功能

闭路电视监控系统具备以下功能。

（1）分组同步切换：将系统中全部或部分摄像机分成若干组，每一组摄像机可以同步地切换到一组监视器上。

（2）任意切换：是指摄像机的任意组合，而且任一台摄像机画面的显示时间独立可调，同一台摄像机的画面可以多次出现在同一组切换中，随时将任意一组切换调到任意一台监视器上。

（3）任意切换定时自动启动：任意一组万能切换可编程在任意一台监视器上定时自动执行。

（4）报警自动切换：具有报警信号输入接口和输出接口，当系统收到报警信号时将自动切换到报警画面及启动录像机设备，并将报警状态输出到指定的监视器上。

（5）报警处理：具有多种报警显示方式。

（6）其他控制：采用矩阵作为控制器还可进行电动变焦镜头的控制、云台的控制、切换设备的控制等。

五、闭路电视的传输系统

传输系统的作用是将视频监控系统的前、后端设备可靠地连接起来。传输的信号有音、视频信号和控制信号。常用的传输线缆有同轴电缆、双绞线和光纤。传输方式有视频基带传输、宽频共缆传输、网络传输和无线传输等。

1．同轴电缆传输

（1）同轴电缆。

同轴电缆有射频同轴电缆和视频同轴电缆之分。视频电缆（Coaxial）和射频电缆通常用于有线电视传播，视频电缆则是目前视频监控系统应用最广的传输线。

同轴电缆的结构图如图 3-5 所示。由内及外看分别是：单根或多根铜线绞合的内导体、塑料绝缘介质、软铜线或镀锡丝编织层，最外层为聚氯乙烯护套。

图 3-5　同轴电缆结构图

（2）同轴电缆传输视频基带信号。

视频基带（视频信号）传输，即对 0～6MHz 视频基带信号不作任何处理，直接通过同轴电缆（非平衡式）传输模拟信号，摄像机与画面分割器之间用视频线直接连接。

其优点是，在短距离传输时图像信号损失小，造价低廉。缺点是，传输距离短，当传输距离在 300m 以上时，高频分量衰减较大，信噪比下降，图像质量变劣。

如果小区视频监控系统传输范围属中短距离，也没有特殊要求，那么，采用同轴电缆传输视频基带信号方式，是比较理想的选择。此外，由于采用一对一的视频传输方式，所以系统造价成本低，施工调试方便、维护简单，系统可靠。

另外，同轴电缆一般只能传输视频信号，如果在系统中需要同时传输控制数据、音频等信号时，就需要另外布线或采取其他技术措施。

（3）宽频共缆传输（共缆监控、一线通监控）

所谓的宽频共缆传输（也称射频传输），是相对于采用视频基带传输而言的，适用于点散、远距离（400～3 000m）的监控系统。同轴电缆带宽特性一般为 0～1 000MHz，而视频监控信号只占用其中的 0～6MHz，具备了较大的利用空间。在图像信号传输之前，首先将不同的图像信号、音频信号调制到不同频率的载波上，然后通过信号耦合器将多路监控信号混合（也称频分复用）到一根宽频同轴电缆上，进行远距离传输，实现宽频共缆"一线通"。射频信号传输至管理中心后，再由多路解调器对同轴电缆中的信号进行解调，还原成标准基带视频信号和音频信号。

综合前述，可以看出，当系统较小、传输距离较短时，采用同轴电缆传输还是有优势的，若要长距离传输，则必然要增添设备，加粗线缆，相应会带来调试复杂、穿管布线等困难。

此外，当采用共缆传输时，建议采用射频电缆（SYWV-75），因为其高频特性较好，适合远距离传输。

2．双绞线视频传输

视频信号除了采用同轴电缆传输外，也可采用双绞线传输（平衡差分传输），它是电磁环境复杂或工程已进行了综合布线情况下较为理想的传输方式。

双绞线传输高频分量衰减较大，因此图像颜色保真度会受到一定的影响，此外双绞线质地脆弱抗老化能力较差，不适于野外传输。

（1）双绞线。

双绞线是综合布线工程中最常用的一种传输介质。双绞线由两根互相绝缘的铜导线按一定密度和方向互相扭绞在一起而成。这样会使每一根导线在传输中所辐射的电波被另一根导线上发出的电波抵消，即便在强干扰环境下，双绞线也能传送较好的图像信号，具有较强的抗干扰能力。

双绞线可以分为屏蔽双绞线（STP）与非屏蔽双绞线（UTP）两大类。其中，屏蔽双绞线分别有 3 类和 5 类两种，非屏蔽双绞线分别有 3 类、4 类、5 类、超 5 类甚至 6 类等。3 类双绞线的传输速率为 10Mbit/s；5 类双绞线的传输速率可达 100Mbit/s；超 5 类双绞线的传输速率可达 1000Mbit/s。采用双绞线代替视频线，最常见的是 5 类非屏蔽双绞线。

屏蔽双绞线电缆的外层有一层铝箔包裹用以减小辐射，因此其制作复杂，价格高于非屏蔽双绞线。

（2）双绞线视频传输器。

视频信号是一种非平衡方式的视频基带信号，而双绞线是一种平衡传输方式的线缆，一个是非平衡式信号，另一个是平衡式传输模式，因此不能简单用双绞线直接传输视频信号。首先，必须先把视频信号转换成平衡信号，在符合双绞线的传输模式后，才能使用双绞线传输。

此外，由于录像、显示器等终端监控设备的输入端口都是非平衡方式的，所以又得把双绞线传输过来的平衡式信号转换成非平衡式信号，以满足终端设备的信号输入要求。

（3）双绞线控制信号传输。

如前所述，解码器一般放置在带云台的摄像机附近，距离控制中心比较远，控制中心与摄像机之间的通信，通常采用 RS-485 电平传输方式，前端与硬盘录像机的 RS-485 端口连接，终端与各解码器总线型连接，如图 3-6 所示（视频信号另行单独传输）。如主机挂有多台的解码器，最后一个解码器的 A、B 端之间并接 120Ω 的电阻。

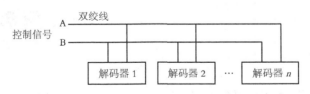

图 3-6　终端与各解码器总线型连接图

3．光纤传输

（1）光及其特性。

① 光是一种电磁波。可见光部分波长范围是 390~760nm（纳米）。大于 760nm 部分是红外光，小于 390nm 部分是紫外光。

光纤中应用的是 850nm、1310nm、1550nm 三种波长，都是红外光。

② 光的折射、反射和全反射。因光在不同物质中的传播速度是不同的，所以当光从一种物质射向另一种物质时，在两种特质的交界面处会产生折射和反射。而且，折射光的角度会随入射光的角度变化而变化。当入射光的角度达到或超过某一角度时，折射光会消失，入射光全部被反射回来，这就是光的全反射。不同的物质对相同波长光的折射角度是不同的（即不同的物质有不同的光折射率），相同的物质对不同波长光的折射角度也是不同的。

光纤通信就是基于以上原理而形成的。

（2）光缆传输系统的主要特点。

① 因为传输的是光信号，所以光缆不容易分支，一般用于点到点的连接。

② 传输距离长、损耗低。如单模光纤每公里衰减在 0.2～0.4dB，是同轴电缆每公里损耗的 1%。采用多模光纤可达 4km，采用单模光纤达 60km。

③ 传输容量大。一根光纤就可以传送监控系统中所需（如多路图像、音频、控制数据）的全部信号，这是双绞线和同轴电缆无法比拟的。如果采用多芯光缆，其容量就将成倍增长。这样，用几根光纤就完全可以满足相当长时间内对传输容量的要求。

④ 传输质量高。长距离的光纤传输不必像同轴电缆那样需要多个中继放大器，因而没有噪声和非线性失真叠加。加上光纤系统的抗干扰性能强，基本上不受外界温度变化的影响，从而保证了传输信号的质量。

⑤ 抗干扰性能好。光纤传输不受电磁干扰，不会产生电火花，适合在有强干扰的环境中使用。

⑥ 在施工过程中容易人为造成弯曲、挤压、对接的损耗，因此施工技术难度较大，且造价高。

4．网络传输

它采用音视频压缩方式来传输监控信号，适合远距离及监控点位分散的监控。

其优点是，采用网络视频服务器作为监控信号的上传设备，有互联网网络的地方，安装上远程监控软件就可以监看和控制。网络监控如图 3-7 所示。

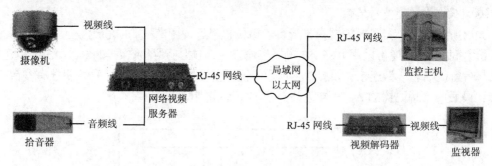

图 3-7　网络监控示意图

随着互联网速度的提升以及国家网络的改造，目前国家的"3111"工程和"平安城市"都采用了网络传输的方式。

5．微波传输

微波传输是解决几千米甚至几十千米不易布线场所监控传输的解决方式之一。它采用调频调制或调幅调制的办法，将图像搭载到高频载波上，转换为高频电磁波在空中传输。

优点是，省去了布线及线缆的维护费用，可动态实时传输广播级图像。

缺点是，采用微波传输，频段在 1GHz 以上常用的有 L 波段（1.0～2.0GHz）、S 波段（2.0～

4.0GHz）、Ku 波段（10~12GHz）。由于传输环境是开放的空间，所以很容易受外界电磁干扰（微波信号为直线传输，中间不能有山体或建筑物遮挡）。

6．无线传输

无线传输又称为开路传输方式。无线传输流程是，音、视频信号→调制→高频信号→接收→解调→音、视频信号→在终端设备上播出或显示。

无线传输主要用于线缆敷设不便的场合（如河流、高大障碍物及移动的检测点）以及在一些特殊的场合（如暗访侦察）。

它的特点是安装简便，但发射功率受严格控制，距离一般不超过 500m。

无线传输一般用于单监控点，即只有一个前端和一个后端。

任务一　闭路电视监控系统设备的安装与调试

一、任务描述

小区在停车场、电梯、花园及各出入口配置摄像机，需要对摄像机、云台、支架、镜头、解码器等前端设备进行安装及调试。本任务提出以下要求。

（1）熟悉摄像部分设备的种类、安装方式及基本调试方法。

（2）熟悉 CCTV 系统各设备的文字符号及图形符号。

二、知识准备

在 CCTV 系统中，摄像机处于系统的最前端，它将被摄物体的光图像转变为电信号——视频信号，为系统提供信号源，因此它是 CCTV 系统中最重要的设备之一。

1．摄像机的组成

一台摄像管型的摄像机主要由图 3-8 所示的几个部分组成。

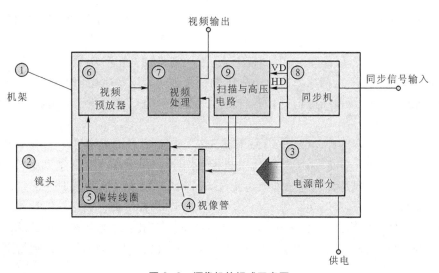

图 3-8　摄像机的组成示意图

图中①为机架。各种摄像机的机架结构、外形差异很大，但多数都遵循以下原则：镜头多装于摄像机的前部；机架要求小巧实用、结构牢固；有一定的抗风雨性能；有较好的屏蔽性能；有供安装于云台或支架上的安装孔；保证视像管及偏转线圈牢固安装并使其轴向与镜头轴一致。此外，要求带电部分与机架外壳绝缘性能良好；外壳接地良好、完全可靠；具有一定数量的通风孔，使机内热量能合理散出等。近年来，市场及用户也很重视机架的外形美观程度，如颜色协调，工艺精良，标识明显、易懂等。

图中②为镜头。将在下文专述摄像机镜头的性能，但一定要注意，不同型号的摄像机镜头接口可能是不一致的，有 1in 接口，2/3in 接口及 1/2in 接口等。

图中③为电源部分。有的摄像机是直流供电，有的是交流供电。国内交流供电的摄像机大多为 AC220V 供电。由电源部分提供变压、整流、稳压等功能。有时还要为其他电路提供一些特殊要求的电压、电流。电源一般应保证在交流供电+10%范围内正常工作。如果有稳压部分则要求其具有纹波小、内阻低、功率余量足够、干扰小等特点。

图中④为视像管。

图中⑤为偏转线圈。按功能分可分 MM 型——磁偏转、磁聚焦型及 SM 型——电聚焦、磁偏转型。按尺寸可分 1in 型或 2/3in 型等。按摄像管插入方式可分前插型及后插型。偏转线圈的具体结构及原理这里不专门叙述，有关部分在扫描电路中适当提及。

图中⑥为视频预放器；⑦为视频处理器。通过它们将视像管靶子输出的很小的信号电流尽量不失真地放大，同时保持尽可能高的信噪比。然后进行黑电平调整、钳位、白切割、同步混入、校正等处理，最后形成全电视信号输出。

图中⑧为同步机。其产生摄像机的扫描部分及视频部分所需要的全部脉冲，保证整个摄像机的同步系统符合一种规定的扫描制式。就黑白摄像机而言，我国通用的扫描制式为 CCIR 制。同步机一般还要与外来的同步信号锁相，有时还要求其具有与电源锁相同的功能。

图中⑨为扫描与高压电路。它在同步机有关脉冲的驱动下，产生场扫描、行扫描的各种电压、电流，并产生提升高压供视像管各电极使用。有的摄像机在这部分中还含有停扫自动保护电路。在行或场扫描有故障而输出减小时，能自动使电子束不射向靶面或散焦，防止烧坏靶面。

一台典型的摄像管型摄像机的工作原理可以概括为：由镜头产生的光学图像投射到视像管靶面上；由同步机产生标准的各种同步脉冲，驱动扫描电路产生行场扫描的电压、电流分别加到行、场偏转线圈上；在各种高压适当地加到视像管各电极的条件下，电子束按一定的规律偏转，在靶上扫描，拾取出微弱的视频信号，以高阻电流源的形式输出；该信号由预放器放大，送入视频通道进行各种处理，形成全电视信号输出。电源部分给其余各部分供电。

对于使用电荷耦合器件（Charge Coupled Device，CCD）的摄像机，其基本电路结构有所不同。它没有摄像管而使用 CCD 固体摄像器件，因此没有偏转线圈，也无需扫描电压发生部分、高压发生器等电路，但它必须具有使 CCD 输出视频信号的脉冲时序部分，这些读取 CCD 信号的脉冲发生器有时也称为 CCD 摄像机的扫描电路。此外，它的视频通道也与摄像管型不同，CCD 输出的视频信号是一个电压信号，而不像摄像管输出高阻电流源信号，因而视频放大器电路的特性也有所不同。不过像电源、同步机、视频输出等电路则与摄像管型摄像机相类似。

彩色摄像机主要有多管（片）摄像机和单管（片）摄像机两大类。它们都是把景物入射来的各种色光经过光学镜头、滤色片和分色棱镜，分解为红（R）、绿（G）、蓝（B）三基色光，分别成像在相应的摄像管靶面或 CCD 片上，然后转换为 R、G、B 三个电信号，经放大、处理、编码组成彩色全电视信号进行输出。

2．摄像机的分类及 CCD 彩色摄像机的性能指标

（1）根据成像色彩摄像机可划分为如下两种。

① 黑白摄像机（Monochrome Camera）适用于光线不充足及夜间无法安装照明设备的场所，其分辨率通常高于彩色摄像机，可达 600～800 线，在仅监视景物的位置或移动时可选用。

② 彩色摄像机（Color camera）适用于景物细部辨别，如辨别衣着或景物的颜色。因有颜色而使信息量增大，信息量据认为是黑白摄像机的十倍。在闭路电视监控方面发挥着举足轻重的作用。

（2）根据摄像机采用技术，摄像机可划分为如下 3 种。

① 模拟式摄像机。

② 具有数字处理功能的 DSP 摄像机。

③ DV 格式的数字摄像机。

（3）根据摄像机成像清晰度分类，摄像机可划分为如下 4 种。

① 彩色高分辨率型，752 像素×582 像素，480 线。

② 彩色标准分辨率型，542 像素×582 像素，420 线。

③ 黑白标准分辨率，795 像素×596 像素，600 线。

④ 黑白低照度型，537 像素×596 像素，420 线。

（4）根据摄像机成像光源分类，摄像机可划分为如下 6 种。

① 正常照度可见光摄像机。

② 低照度摄像机。

③ 采用双 CCD 作彩色黑白转换的日夜两用型。

④ 单 CCD 同轴多重型摄像机。

⑤ 低速快门型摄像机，也称为帧累积型。

⑥ 带红外线灯的夜视红外摄像机。

（5）根据摄像系统结构分类，摄像机可划分为如下 8 种。

① 分离结构组合式摄像系统（有长型和短型摄像机之分）。

② 一体化球形摄像系统（最高水平如松下 WV-CS850）。

③ 迷你型、半球形摄像系统。

④ 单板型摄像机。

⑤ 针孔隐蔽型摄像机、钮扣式摄像机（Button camera）。

⑥ 四分割摄像机。

⑦ 带硬盘录像摄像机，如 Sanyo 公司的 DSR-C100P。

⑧ 可直接连接成网络的 Web camera。

3．镜头的种类

摄像机镜头按照其功能和操作方法可分为常用镜头和特殊镜头两大类。

（1）常用镜头。常用镜头又分为定焦距镜头和变焦距镜头两种。定焦距镜头采用手动聚焦操作，光圈调节有手动和自动两种。变焦距镜头既可以电动聚焦操作，也可以手动聚焦操作。电动聚焦操作的镜头光圈分电动和自动两种。

（2）特殊镜头。这种镜头是根据特殊的工作环境或特殊的用途专用设计的镜头。特殊镜头又可分为以下几种。

① 广角镜头：又称大视角镜头，安装这种镜头的摄像机可以摄取广阔的视野。

② 针孔镜头：有细长的圆管形镜筒，镜头端都是直径只有几毫米的小孔，多用在炼钢炉内监视或需隐蔽监视的环境。

③ 其他特殊镜头：除上述两种镜头外还有棱形镜头、预置变焦镜头，但这些镜头在 CCTV 中不多采用。

4. 镜头特性参数

镜头的特性参数很多，主要有焦距、光圈、视场角、镜头安装接口、景深等。

镜头都是按照焦距和光圈来确定的，这两项参数不仅决定了镜头的聚光能力和放大倍数，而且决定了它的外形尺寸。

焦距一般用毫米表示，它是从镜头中心到主焦点的距离。光圈即光圈指数（F），它被定义为镜头的焦距（f）和镜头有效直径（D）的比值，如图 3-9 所示。其关系可按下式计算。

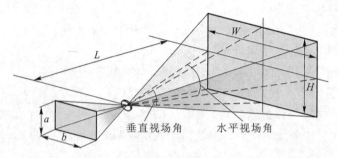

图 3-9　镜头特性参数之间的关系

焦距：
$$f = \frac{aL}{H} \tag{3-1}$$

视场：
$$H = \frac{aL}{f} \tag{3-2}$$

$$W = \frac{bL}{f}$$

式中：H 为视场高度，单位为 m；W 为视场宽度，通常 $W = \frac{4}{3}H$，单位为 m；L 为镜头至被摄物体的距离（视距），单位为 m；f 为焦距，单位为 mm；a 为像场高度，单位为 mm；b 为像场宽度，单位为 mm。

不同管径的摄像管，其靶面像场的 a、b 值如表 3-1 所示。

表 3-1　CCD 摄像机靶面像场的 a、b 值

镜头直径/in 像场尺寸	1 （25.4mm）	$\frac{2}{3}$ （17mm）	$\frac{1}{2}$ （13mm）	$\frac{1}{3}$ （8.5mm）
像场高度 a/mm	9.6	6.6	4.6	3.6
像场宽度 b/mm	12.8	8.8	6.4	4.8

由以上公式可见，焦距 f 越长，视场角越小，监视的目标也小，利用式（3-1）和式（3-2）可计算出不同尺寸的摄像管，在不同镜头焦距 f 下的视场高度和宽度值；相反，当镜头和物体之间的距离 L 和物体水平宽度 W 或高度 H 已知时，可利用式（3-1）和式（3-2）可计算焦

距 f，也可以用图 3-8 算出。

电视摄像机镜头的安装接口要严格按国际标准或国家标准设计和制造，镜头与摄像机大部分采用"C"、"CS"型安装座连接，这是 1-32UN 的英制螺纹连接，"C"型接口的装座距离（安装靠面至像面的空气光程）为 17.52mm，"CS"型接口的装座距离为 12.52mm。"D"型座连接方式规定连接螺纹为 5/8-32UN 的英制螺纹，装座距离为 12.3mm。"C"、"CS"、"D"型的螺纹连接标准对螺纹的旋合长度、制造精度、靠面尺寸以及装座距离公差都有详细规定。对于 CCTV 常用的"C"型接口，它是直径为 1in，带有每英寸为 32 牙的英制螺纹。C 型座镜头通过接圈可以安装在 CS 型座的摄像机上，反之则不行。

为 1in 摄像机设计的镜头可被用于 1/2in 和 2/3in 摄像机，只是缩小了视场角，但反之则不然，因为 1/2in 和 2/3in 摄像机的镜头无法产生需采用 1in 镜筒才能获得大的图像。

景深是指焦距范围内的景物的最近和最远点之间的距离。改变景深有三种方法：

① 改变镜头光圈大小；

② 改变焦距值；

③ 改变摄像机和被摄物体间的距离。

5．视频监控系统设备安装

（1）视频监控设备安装一般要求。

视频监控设备安装应符合《安全防范工程技术规范》（GB 50348—2004）。

（2）视频监控设备安装。

摄像机的设置位置、摄像方向及照明条件应符合下列规定：

① 摄像机宜安装在监视目标附近且不易受外界损伤的地方，安装位置不应影响现场设备运行和人员正常活动。安装的高度，室内宜距地面 2.5～5m；室外应距地面 3.5～10m，并不得低于 3.5m。

② 电梯厢内的摄像机应安装在电梯厢顶部、电梯操作器的对角处，并应能监视电梯厢内全景。

③ 摄像机镜头应避免强光直射，保证摄像管靶面不受损伤。镜头视场内，不得有遮挡监视目标的物体。

④ 摄像机镜头应从光源方向对准监视目标，并应避免逆光安装；当需要逆光安装时，应降低监视区域的对比度。

6．实训摄像机

实训摄像机如图 3-10 所示。

（a）一体化快球　　　　（b）恒速球　　　　（c）普通彩色摄像机　　　　（d）彩色半球摄像机

图 3-10　实训摄像机

（1）一体化快球的参数如下。

① 预置位：128 个，并且每一个预设位的图像可单独处理并记忆。

② 预置位巡视。

③ 独有的 12 个马赛克隐私遮挡区域，用于需要隐私遮挡的地方。

④ 能根据光线的实际情况实现彩色/黑白的自动转换，兼容性强，内置多种通信协议。

⑤ 可高速旋转，水平旋转最大 400° /s，垂直 200° /s。

⑥ 光学变倍：32 倍，数码放大：10 倍。

（2）恒速球具有室内/外全球型护罩及内置全方位云台，水平 360° 无限位连续旋转，垂直 90° ，24° /s。

（3）普通彩色摄像机的参数如下。

① 影像图素：752X582（PAL）

② 最低照度：0.3lx/（F1.2）。

③ 逆光补偿。

④ 白平衡：自动白平衡，自动增益 。

⑤ 电子快门：1/60-1/120000S（PAL）。

⑥ 自动光圈。

（4）彩色半球摄像机。

① 水平分辨率达到 540 线，数字降噪，彩色最低照度达到 0.3lx。

② 具有日夜彩色黑白转换、自动增益、背光补偿等功能。

③ 人性化三轴调节。

7．解码器

解码器在电视监控系统中主要负责将各操作键盘（或视频矩阵切换器）发送来的指令进行译码，并根据译码的结果为云台、镜头、摄像机、聚光灯、护罩等前端设备提供电源，以驱动前端设备动作。同时，还可将前端报警探头产生的报警信号回传至控制中心，以实现报警联动功能。具有施工简单、维护方便、系统管理和系统控制较为集中等特点。

三、实训设备条件

1．摄像机、支架、电动云台、解码器、监视器、矩阵切换器等各 1 个。

2．网孔板或木板 1 块

3．便携式万用表、一字螺丝刀、十字螺丝刀、视频线、拨线钳、螺丝等。

4．端子排、标签纸等。

四、实施流程

闭路电视监控系统设备安装与调试流程如图 3-11 所示。

五、实施步骤

1．安装并调试摄像机和镜头

（1）安装镜头步骤。

① 去掉摄像机及镜头的保护盖。

② 将镜头轻轻旋入摄像机的镜头接口并使之到位。

③ 对于自动光圈镜头，还应将镜头的控制线连接到摄像机的自动光圈接口上。

（2）调整镜头光圈与对焦步骤。

① 关闭摄像机上电子快门及逆光补偿等开关。

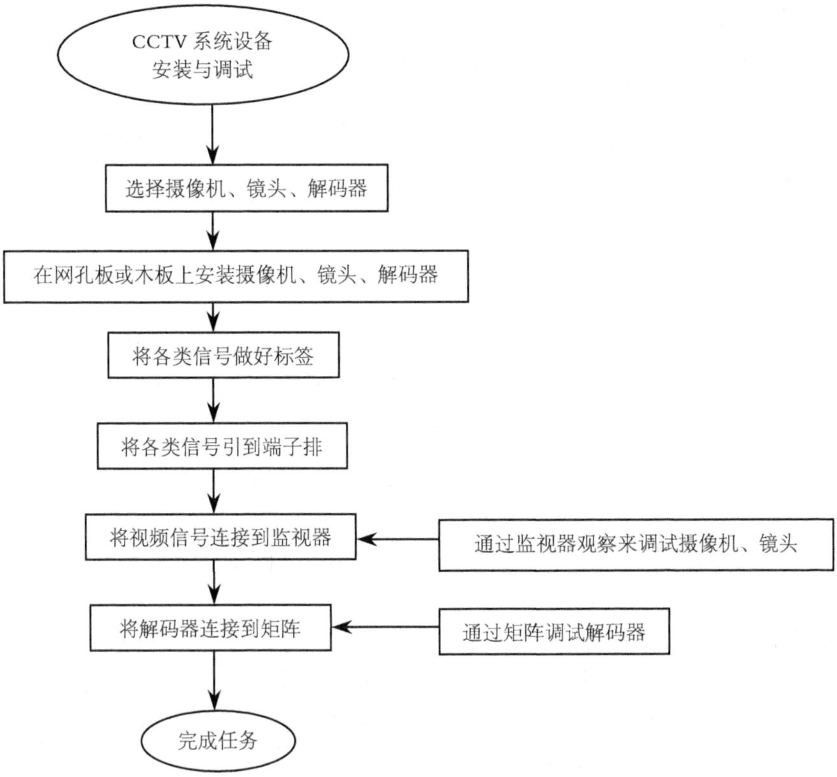
CCTV 系统设备
安装与调试
选择摄像机、镜头、解码器
在网孔板或木板上安装摄像机、镜头、解码器
将各类信号做好标签
将各类信号引到端子排
将视频信号连接到监视器
通过监视器观察来调试摄像机、镜头
将解码器连接到矩阵
通过矩阵调试解码器
完成任务

图 3-11　CCTV 系统设备安装与调试流程图

② 将摄像机对准欲监视的场景，调整镜头的光圈与对焦环，使监视器上的图像最佳，镜头即调整完毕。

（3）安装摄像机本体步骤。

① 在摄像机下部或上部都有一个安装固定螺孔，用一个 M6 或 M8 地螺栓加以固定。一般标准的支架、吊架、云台或防护罩均配有这种专门用于固定摄像机地螺栓。

② 摄像机应先安装于防护罩内，然后再安装到云台或支架上。

2．安装并调试摄像机防护罩和支架

（1）安装普通枪机式防护罩步骤。

① 打开防护罩的上盖。

② 将紧固摄像机滑板的螺钉拧松，取下摄像机滑板。

③ 用装配螺钉（一般防护罩的配件包中都配有）将摄像机固定在滑板上，将滑板及摄像机放入防护罩内。

④ 如镜头可调，则将镜头扩大至最大长度，滑动摄像机滑板，使摄像机、镜头与滑板处于防护罩内的最佳位置，固定牢固。

⑤ 将出线护口安装在防护罩底槽上，连接摄像机的视频电缆，将摄像机的电源线、控制电缆连接到防护罩的接线排上；

⑥ 将防护罩的出线孔锁紧，调整好摄像机的焦距，关闭防护罩的盖子。

（2）安装摄像机支架步骤。

① 采用 4 个螺栓安装支架，并固定。

② 摄像机放入防护罩中再安装于支架上。

3．连接摄像机

（1）使用同轴电缆（75Ω）将摄像机的 Video out（BNC 接口）连接到监视器或录像机的 Video in 端子。

（2）电源线的连接是将电源接入摄像机的电源接线端子上，加电后摄像机的 Power 灯将点亮。接入电源时要注意摄像机的供电电压的极性（摄像机的供电一般有 DC12V，DC24V 或 AC220V 3 种方式），电源连接错误会引起摄像机损坏。

4．电动云台的安装调试

（1）安装室外云台步骤。

① 将摄像机安装在防护罩内，拆下护罩后盖螺钉，将后盖与摄像机安装板一起拉出，并将摄像机固定在安装板上。根据镜头高度将安装板插入槽中慢慢推入，并固定后盖螺钉。

② 将支架固定于安装位置，可采取壁装或座装的方式。

③ 云台控制线连接插件由圆孔穿过后，用连接螺丝将云台和支架连接，并将外部进线连接在接线端子上。

④ 将云台两个侧盖拆下，在水平转轴与垂直转轴上有两个限位调整装置，云台限位的调整可设置为水平运动 180°，垂直运动下俯 60°。

（2）安装室外球形云台步骤

① 将云台止动螺丝拆下，按逆时针方向旋转云台，即可拆下云台，反之即可装上云台。

② 拆下球罩 3 个螺丝，取下球形云台球罩，将摄像机及镜头固定在机芯摄像机安装架上。

③ 从出线孔引出摄像机镜头连接线，将支架固定于安装位置，上球罩的出线穿入支架内，上球罩用 4 个安装螺钉固定在支架上。

④ 按照接线说明，将云台线缆连接在支架内的接线端子上。

5．解码器的安装

（1）将解码器固定在合适位置。

（2）连接好云台、镜头、摄像机和辅助设备的连线。

（3）连接好控制主机的通信线、视频线和供电电源。

6．注意事项

摄像机安装应注意以下事项。

（1）应满足监视目标现场范围要求，并具有防损坏、防破坏能力。室内摄像机距地安装高度以 2.5~5m 为宜，尽可能不低于 2.5m；室外安装以距地 3.5~10m 为宜，距离地面部不低于 3.5m。

（2）电梯轿厢内安装在其顶部，与电梯操作器成对角处，且摄像机的光轴与电梯的两壁及天花板成 45°。各类摄像机安装应牢固，注意防破坏。摄像机配套设备（防护罩、支架、雨刷等设备）安装应灵活可靠。

（3）摄像机在安装前，应逐个通电检查和粗调。调整后焦面、电源同步等，使其处于正常工作状态后方可安装。

（4）摄像机的功能检查，监视区域地进行，图像质量达标后方可固定。

（5）在高压带电设备附近安装摄像机，应遵守带电设备安装规定。

（6）摄像机的信号线和电源线应分别引入，并用金属管保护，且不影响摄像机的转动。

（7）摄像机镜头应避免强光直射，且应避免逆光安装。

实训（验）项目单

姓名：_____　班级：_____班　学号：_____　日期：___年___月___日

项目编号		课程名称		训练对象		学时	
项目名称				成绩			
目的							

一、所需工具、材料、设备（5分）

二、实训要求

1. 在网孔板或木板上完成摄像机、云台及解码器的安装。

2. 完成各类信号的标签制作。

3. 将摄像机信号、解码器信号、云台信号连接到矩阵，再通过矩阵把视频信号连接到监视器。

4. 通过矩阵、监视器调试摄像机、云台及解码器。

三、实训步骤（65分）

1. 绘制摄像机、解码器、云台与矩阵、监视器的连接图。（20分）

项目三　闭路电视监控系统

2. 完成硬件连接。（20分）
3. 完成信号标签制作。（10分）
4. 系统调试。（15分）

四、思考题（20分）

1. 绘制球形摄像机、枪形摄像机的文字符号及图形符号。（10分）

2. 绘制电动云台、解码器的文字符号及图形符号。（10分）

五、实训总结及职业素养（10分）

评语：

教师：　　　　　　　　年　　月　　日

任务二　闭路电视监控系统画面处理器的连接与调试

一、任务描述

小区花园有一小型区域，含一个快球、一个一体化摄像机、一个红外摄像机、一个普通摄像机，需要采用画面处理器进行控制。本任务的要求有以下内容。

（1）绘制硬件连接图并完成硬件连接。

（2）完成画面处理器各类设置。

（3）完成各类情形模拟。

二、知识准备

1．监视器

（1）视频监视器

监视器是监看图像的显示装置，在 CCTV 系统中可以仅是单台大屏幕监视器，也可以是由数十台监视器组成的电视墙；既可以是黑白监视器，但更多的应是彩色监视器。未来大屏幕监视器、等离子或液晶平板监视器或上百英寸的投影将会成为显示的主流。

（2）视频监视器的基本操作

① 开机与关机。开机：按下主机后面的电源开关"I"，即可进入正常工作状态。关机：在开机状态下，按下主机后面的电源开关"O"，即可正常关机。

②AV 功能的使用。将视频信号接入"视频输入"端口，即可正常工作。

③ 图像调整。按一下遥控器面板上的"菜单"键，呼出"图像"菜单，接着按"上移/下移"键选择要调整项，按"增加/减少"键，对选择项进行增、减操作。

④ 系统设置。连续按两下"菜单"键，呼出"系统"菜单，接着按"上移/下移"键选择要调整项，按"增加/减少"键，对选择项进行增、减操作。

⑤ 浏览设置。连续按三下"菜单"键，呼出"系统"菜单，接着按"上移/下移"键选择要调整项，按"增加/减少"键，对选择项进行增、减操作。

浏览时间：设定范围 1～99s。

通道选择：有输入 1、输入 2 两种选择。（当"输入 1"和"输入 2"都设为"开"时，浏览将会在"输入 1"和"输入 2"之间循环进行。）

浏览开关：当此开关设定为"开"时，浏览功能才生效。

注意事项：当需要停止浏览功能时，直接按"菜单"键退出，此时屏幕下方会显示"浏览开关：关"，如果需要重启此功能，需要再次进入到"浏览"菜单进行设定。

2．画面分割器

原则上，录一个信号的方式是 1 对 1，也就是用一个录影机录取单一摄像机摄取的画面，每秒录 30 个画面，不经任何压缩，解析度越高越好（通常是 S-VHS）。但如果需要同时监控很多场所，用一对一方式就会使系统庞大、设备数量多、耗材以及使人力管理上费用大幅提高。为解决上述问题，画面分割器应运而生。画面分割器最大程度的简化系统，提高系统运转效率。一般用一台监视器显示多路摄像机图像或一台录像机记录多台摄像机信号。

四画面分割器接线图如图 3-12 所示。

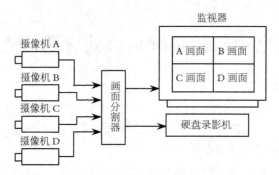

图 3-12　四画面分割器接线图

　　画面分割器是在视频信号的行、场时间轴上进行图像压缩，同时进行数字化处理，经像素压缩法将每个单一画面压缩成全屏的 1/4 画面大小，这样全屏就能容纳 4 路的视频信号，实现一台监视器可显示 4 个不同的小画面。

　　四画面分割器设备外观图如图 3-13 所示。四画面分割器各键功能及设置操作说明如下：

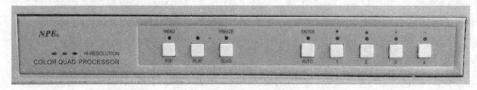

图 3-13　四画面分割器

（1）分割器前面板各键功能说明（见图 3-14）。

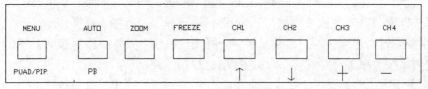

图 3-14　分割器前面板

　　① MENU（PUAD/PIP）：按"MENU"键（长）进入主功能表设置模式。

按"MENU"键（短）进入四分割和三种画中画模式。

　　② AUTO（PB）：按"AUTO"键（长）进入重播（PB）模式，再按 CH1/.../CH4（PB）可分别将重播的四个小画面放大成单画面，再按"AUTO"键（短）返回现场。按"AUTO"键"短"进入自动切换模式，在功能表中也可以作退出"EXIT"功能。

　　③ ZOOM：具备电子放大功能。按"ZOOM"键（短）后，按"CH1/CH2/CH3/CH4"进行上下左右区域选择后，按"ZOOM"键放大，按"AUTO"键退出。

　　④ FREEZE：具备大小画面冻结功能。按一次是冻结，再按一次取消。

　　⑤ CH1（↑）：全画面显示通道 1/上移键。

　　⑥ CH2（↓）：全画面显示通道 2/下移动。

　　⑦ CH3（＋）：全画面显示通道 3/左移动/递增功能/进入子功能表。

　　⑧ CH4（－）：全画面显示通道 4/右移动/递减功能/进入子功能表。

　　注：（长）——持续按 2 秒进入选项功能。

　　　　（短）——快速按一下进入选项功能。

（2）功能表设置操作说明。

按"MENU"键（长）进入主功能表（如图 3-15 所示）模式后，按"↑"键或"↓"键选定功能表专案，再按"+"键或"−"键进入子功能表选项。

① 标题设置。

在主功能表模式下，用"↑"或"↓"键将游标移动到"标题设置"选项（如图 3-16-a 所示）中按"+"或"−"键进入摄像机标题设置。使用"↑"键可选择所要修改的字，显示的字元最多只有 5 个或不显示，按"↓"移动游标选择功能表；"+"、"−"键用来选择所要显示的字。按"AUTO"键返回上一级功能表。

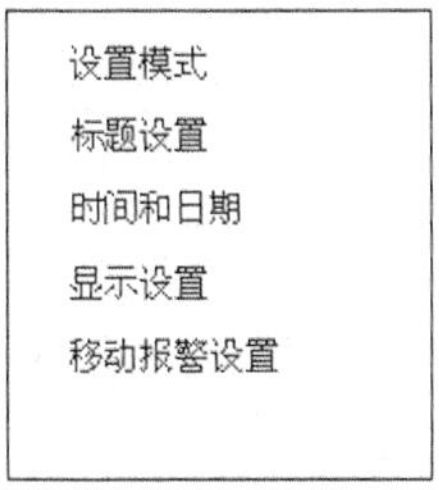

图 3-15 四画面分割器主功能表界面图

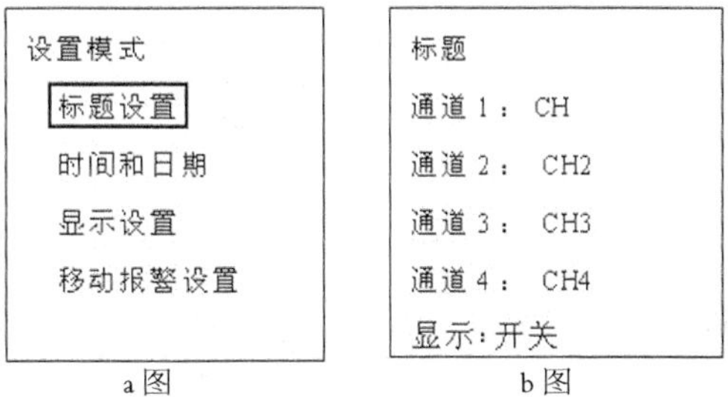

图 3-16 标题设置子功能表界面图

② 时间和日期设置。

在主功能表模式下用"↑"或"↓"键移动到"时间和日期"选项（如图 3-17-a 所示），按"+"、"−"键可进入时间和日期的专案中，再按"↑"或"↓"键选择所要设定的选项，用"+"或"−"键来修改时间和日期。按"AUTO"键返回上一级功能表。

日期显示格式：YY-MM-DD（年-月-日）

YY（年）：从 00 到 99

MM（月）：从 01 到 12

DD（日）：从 01 到 31

注：平年闰年自动切换。

时间显示格式：HH-MM-SS（时-分-秒）

HH（时）：从 00 到 23

MM（分）：从 00 到 59

SS（秒）：从 00 到 59

时区显示格式：ASIA（亚洲）：YY-MM-DD

EURO（欧洲）：DD-MM-YY

US（美洲）：MM-DD-YY

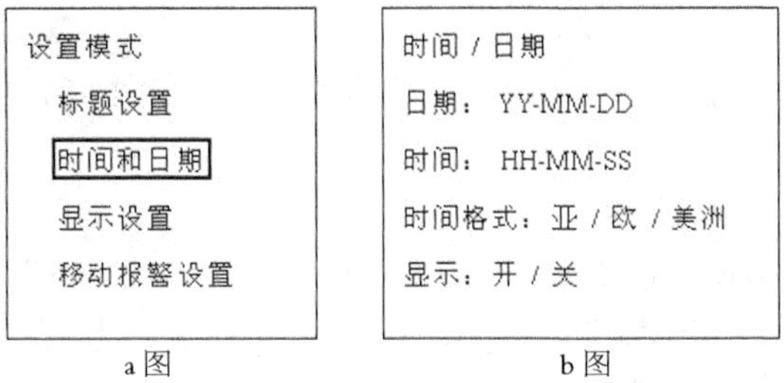

图 3-17 时间和日期设置子功能表界面图

③ 显示设置。

在主功能表模式下用"↑"或"↓"键移动到"显示设置"选项（如图 3-18-a 所示），按"+"、"−"键可进入时间和日期的专案。该专案包括：自动切换设置、画中画设置、通道微调设置、边框设置、镜像设置、系统设置六个子功能表（如图 3-18-b 所示）。用按"↑"或"↓"键选择所要设定的选项，再按"+"或"−"键就可进入其子功能表选项设置。按"AUTO"键返回上一级功能表。

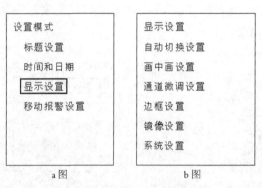

图 3-18　显示设置子功能表界面图

a. 自动切换设置。

将游标移到"自动切换设置"选项中，如图 3-19-a 所示，按"+"或"−"键可进入自动切换设置专案。如图 3-19-b 所示，按"↑"或"↓"键选择将要修改的通道，按"+"或"−"键选择每个画面跳动间隔时间，时间从 1s 到 99s 可选，也可选择不切换。正常间隔时间设定为 2s。按"AUTO"键返回上一级功能表。

图 3-19　自动切换设置界面图

b. 画中画设置。

将游标移到"画中画设置"选项（如图 3-20-a 所示）中按"+"或"−"键可进入画中画设置专案。按"↑"或"↓"键移动游标到所需设置的选项，按"+"或"−"键进行设置。它可调整 3 种画中画的显示模式（主画面、子画面 1、子画面 2），按"AUTO"键返回上一级功能表。

c. 通道微调。

将游标移到"通道微调"选项中，如图 3-21-a 所示，按"+"或"−"键可进入画中画设置专案。按"↑"或"↓"键移动游标到所需设置的选项，再按"+"或"−"键进行调节。通常亮度、对比度调整到中间位置就比较合适。"AUTO"键返回上一级功能表。

图 3-20 画中画设置界面图

图 3-21 通道微调设置界面图

d. 边框设置。

将游标移到"边框设置"选项中，如图 3-22-a 所示，按"+"或"-"键可进入画中画设置专案。按"↑"或"↓"键移动游标到所需设置的通道，再按"+"或"-"键选项开和关，正常为关闭。按"AUTO"键返回上一级功能表。

图 3-22 边框设置界面图

e. 系统设置 PAL、NTSC 制式。

将游标移到"系统设置"选项（如图 3-23 所示）中按"+"或"-"键进入 PAL、NTSC 制功能转换设置专案，再按"+"或"-"键选择 PAL 制或 NTSC 制式。按"AUTO"键返回上一级功能表。

④ 移动报警设置。

在主功能模式下，按"↑"或"↓"键移动游标到"移动报警设置"，再按"+"或"-"键就可进入移动报警设置

图 3-23 系统设置功能选择界面图

专案。该专案包括报警设置、移动侦测设置、报警记录、报警时间四个功能表。按"↑"或"↓"键选定子功能表选项，再按"+"或"−"键就可进入其子功能表设置。按"AUTO"键返回上一级功能表。

a. 报警设置。

将游标移到"报警设置"选项中按"+"或"−"键可进入报警设置专案，共有关/低电平/高电平三种参数选择。通常设置为"关"。视外接报警器材的输出电平，选择高电平或低电平。按"AUTO"键返回上一级功能表。

b. 移动侦测设置。

将游标移到"移动侦测设置"选项中按"+"或"−"键可进入移动侦测设置专案。如图3-24所示，按"↑"或"↓"键选定子功能表选项后，再用"+"或"−"键更改。如图3-25所示，通常侦测帧数选定为"04"，灵敏度选定为"008"（灵敏度调越小就越灵敏）。

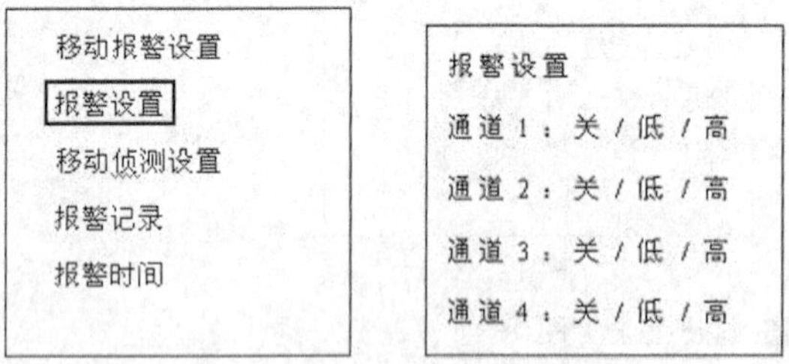

移动报警设置	报警设置	移动侦测设置
报警设置	通道1：关/低/高	通道：CH1 ... CH4
移动侦测设置	通道2：关/低/高	侦测帧数：00 ... 15
报警记录	通道3：关/低/高	移动侦测：开关
报警时间	通道4：关/低/高	灵敏度：000 ... 255
		位置设置：
a图	b图	

图 3-24　报警设置功能选择界面图　　　　图 3-25　移动侦测设置界面图

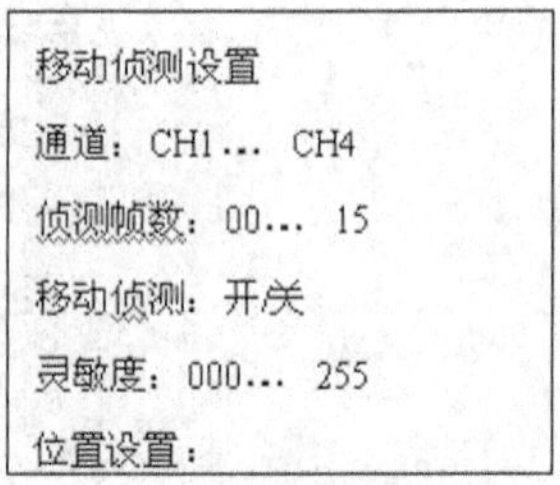

将游标移到"区域设置"子功能表选项中按"+"或"−"键可进入移动侦测报警区域设置专案。画面会出现48个"M"字元，有"M"字元的区域表示该区域侦测生效，无"M"字元的区域就表示该区域移动侦测无效。按"ZOOM"键取消或显示"M"。

c. 报警记录。

将游标移到"报警记录"选项中按"+"或"−"键进入报警事件记录表。按"↑"或"↓"键翻页显示，记录表共有9页，可记录长达89条报警事件记录。按"AUTO"返回上一级功能表。

注：记录表中A表示外部报警，L表示视频丢失，M表示移动侦测。

d. 报警时间。

将游标移到"报警时间"选项中按"+"或"−"键进入报警后峰鸣器的鸣叫时间设置专案。再按"+"或"−"键调节其时间的长短。时间从01s～99s可选。通常为05s。按"AUTO"返回上一级功能表。

三、实训设备条件

1. 闭路电视监控系统实训装置（含4个摄像机、画面处理器、监视器等）。
2. 便携式万用表、一字螺丝刀、十字螺丝刀、插接线、视频线。

四、实施流程

闭路电视监控系统画面处理器的连接与调试流程如图3-26所示。

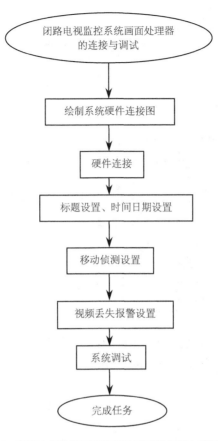

图 3-26　闭路电视监控系统画面处理器的连接与调试流程图

五、实施步骤

1. 断开实训装置的空气开关。在面板上找到四画面处理器、监视器、摄像机、声光报警器等设备，熟悉它们的外观及引线端子。

2. 按照图 3-27 所示连接图完成系统的硬件连接。为避免不当操作和保证设备安全，请先关闭实训台电源。

3. 调试系统

（1）检查系统连线及通电。

参考图 3-27 所示检查接线，确保无误后再通电，并打开监视器的输入通道 1 和浏览开关，监视器上会显示视频画面。

（2）标题、时间和日期的设置。

① 设置各通道标题，比如通道 1 设置为 CH1，通道 2 设置为 BB，通道 3 设置为 QQ3，通道 4 设置为 4MN，显示设置为开。

② 设置日期和时间，比如将日期设置为 12 月 20 日 2008 年，时间设置为 10 时 03 分 59 秒。

（3）自动切换设置。

① 将某通道视频信号设置为镜像。

② 设定通道 1～4 及四分割画面跳动间隔的时间。

③ 设置完成后返回现场。

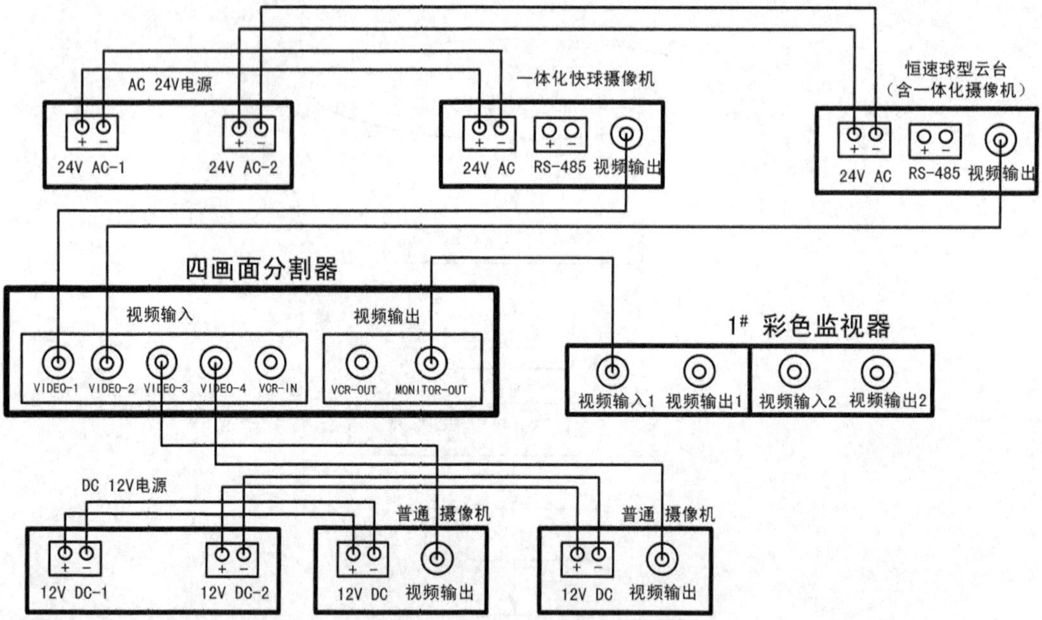

图 3-27　四画面分割器硬件连接图

④ 按 "AUTO" 键（短）进入自动切换模式，观察监视器画面的变化。

⑤ 欲观察某一特定画面时，可按 FREEZE 进行冻结。

（4）移动侦测设置。

① 将某通道设置为移动侦测,比如:将通道 1 的移动侦测功能打开,侦测帧数选定为"04",灵敏度选定为 "06"，报警区域设置为全画面。

② 用手在 1 号摄像机的摄像头前晃动，监视器上自动显示通道 1 的画面，并且屏幕的右上角显示字母 M，蜂鸣声响起。

③ 同理可以测试通道 2、3 和 4 的移动侦测功能。

（5）视频丢失报警设置。

① 将视频输入 1 电缆撤去。

② 监视器画面的右上角显示字幕 L，蜂鸣声响起。

实训（验）项目单

姓名：_____ 班级：_____班 学号：_____ 日期：___年___月___日

项目编号		课程名称		训练对象		学时	
项目名称				成绩			
目的							

一、所需工具、材料、设备（5分）

二、实训要求

1. 视频信号设置：一体化快球连接到通道 1，恒速球云台摄像机连接到通道 2，其他两个摄像机分别连接到通道 3、4。

2. 标题设置：通道 1 为 CD1A，通道 2 为 H2B，通道 3 为 MN3，通道 4 为 DR，显示设置为开。

3. 时间和日期设置：日期设置为 2012 年 8 月 8 日，时间设置为 11 时 30 分 10 秒。

4. 自动切换设置：将通道 3 设为镜像，并设置通道 1、通道 2、通道 3、通道 4 四画面自动切换轮流显示，间隔时间 3s。

5. 移动侦测设置：将通道 2 的移动侦测功能打开，侦测帧数选定为"05"，灵敏度选定为"06"，报警区域设置为右上角画面。

6. 视频丢失报警设置：将通道 1 设置为丢失信号报警，报警时间为 10s。

三、实训步骤（75分）

1. 绘制硬件连接图。（10分）

2. 完成硬件连接。（10分）
3. 完成系统设置及调试。（55分）
a. 标题设置。（10分）
b. 时间和日期设置。（10分）
c. 自动切换设置。（10分）、镜像设置（10分）
d. 移动侦测设置。（10分）
e. 视频丢失报警设置。（5分）

四、思考题（10分）

1. 简述视频移动报警的设置流程。（5分）

2. 如何进行图像冻结?（5分）

五、实训总结及职业素养（10分）

评语：

教师：　　　　　　　　年　月　日

任务三 闭路电视监控系统矩阵切换器的基本操作

一、任务描述

小区在电梯、停车场、花园等处安装了各式各样的摄像机，有一体化快球摄像机、恒速球云台摄像机、红外摄像机、普通摄像机、全方位摄像机等。并在一些不安全位置安装了被动红外探测器、紧急按钮。在会所出入口安装了门磁等，需要采用矩阵切换器、监视器对摄像机、探测器等进行采集及控制。本任务只选择其中的 5 个摄像机、4 个探测器进行系统连接与调试。具体有以下 4 点要求。

（1）绘制硬件连接图并完成硬件连接。

（2）矩阵设置，如预置位、程序切换等。

（3）探测器的连接及报警。

（4）矩阵操作。

二、知识准备

1．视频矩阵切换器

在多路摄像机组成的视频监控系统中，如果不要求在同一时段内实施全部画面的监控，也就不必使摄像机与监视器在数量上一一对应，即一台摄像机用一台显示器，而可采用按一定的时序，让监控画面轮流在一台监视器上显示的方法。负责这一功能的设备称为视频切换器。2 路视频切换器及其连接图如图 3-28 所示。

在多路视频信号被送到监控中心、进入视频切换器后，管理人员根据需要，即可选择将任一路视频信号送到监视器上显示。

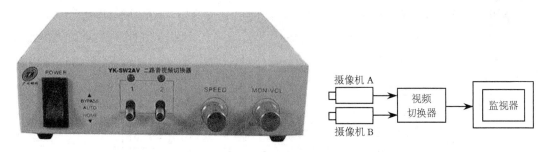

（a）2 路视频切换器　　　　　　　　　　　（b）2 路视频切换器连接图

图 3-28　2 路视频切换器及其连接图

视频矩阵切换系统是视频监控系统常用的视频切换设备之一，矩阵的概念引用高数中线性代数的概念，一般指在多路输入的情况下有多种的输出选择，形成的矩阵结构，即每一路输出都可与不同的输入信号"短接"，每路输出只能接通某一路输入，但某一路输入都可（同时）接通不同的输出。矩阵切换如图 3-29 所示。

输出 1=输入 1，输出 2=输入 2，而输出 3=输出 4=输入 3，或者说，每一路输出可"独立"地在输入中进行选择，而不必关心其他通道的输出情况，既可以与其他输出不同，也可以相同。

例如，8 选 4 是指有 4 个独立的输出，每个输出可在 8 个输入中任选，或者说有 4 个独立的 8 选 1，只是 8 个输入是相同的。

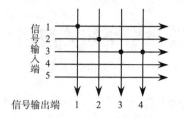

图 3-29　矩阵切换示意图

经常与此混淆的是分配的概念，比如 8 选 1 分 4，是指在 8 个输入中选择出 1 个输出，并将其分配成 4 个相同的输出，虽然外观上看有 4 个输出，但这 4 个输出是相同的，而不是独立的。一般习惯中，将形成 $M \times N$ 的结构称为矩阵，而将 $M \times 1$ 的结构称为切换器或选择器，其实不过 $N=1$ 而已，我们在讨论时都当做矩阵对待。

矩阵切换器的功能是在多路信号输入的情况下，可独立地根据需要选择多路（包括 1 路）信号进行输出，以完成信号的选择。

此外，矩阵一般还有以下功能：

● 有 LED 显示器，用于显示编程内容、操作工作状态。

● 设有控制键盘，利用控制键盘的操作杆可控制云台水平和垂直方向运转以及镜头聚焦、变倍、光圈调整。

● 有一定权限设置，每一个操作者都能按权限分区操作。

选用时需注意，视频输入的路数应大于实际所需要的路数，同时带有 RS-232 和 RS-485 通信接口，可任意接驳键盘主控机、键盘分控机及多媒体主控机、多媒体分控机。

视频监控系统一般采用 AV 切换矩阵，对矩阵的要求也比较特别，如带有云台控制、报警等功能。矩阵切换器的连接框图如图 3-30 所示。

常用的矩阵切换器有 AV 矩阵切换器、RGB 矩阵切换器和 VGA 矩阵切换器。

一般对矩阵的输入数量没有限制。目前的大型矩阵可以做到 1 024 路，而矩阵的输出数量一般是 4 的倍数，例如 4 输出、8 输出等。

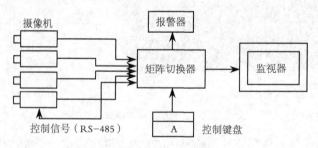

图 3-30　矩阵切换器的连接框图

2．视频矩阵切换器的操作

矩阵切换器是电视监控系统中管理视频信号的核心设备之一，如图 3-31 所示。目前，在高速公路、港口码头、车站、银行、邮局、检察院、医院、商场、工厂、矿山、海关、机场、宾馆、学校等领域的电视监控系统中，大都用到了矩阵切换器。

根据不同场所、不同系统的不同需求，有视频矩阵切换器、音频矩阵切换器、视（音）频同步切换矩阵切换器、视频（报警联动）矩阵切换器、视（音）频（报警联动）矩阵切换器等。

图 3-31　矩阵切换器

在闭路电视监控系统中，视频矩阵切换器的主要作用有：使单台监视器（录像机）能够很方便地轮换显示（记录）多个摄像机摄取的图像（视频信号）；单个摄像机摄取的图像（视频信号）可同时送到多台监视器上显示（录像机上进行记录）；可同时处理多路控制指令，供多个使用者同时使用系统。

（1）矩阵切换系统的功能

1）矩阵切换系统切换可分为自由切换、程序切换、同步切换、群组切换和报警切换5种切换方式。

2）矩阵可进行警点设防、撤防。通过键盘可以选择监视器、摄像机、控制高速智能球等。

3）控制键盘包括按键、云台操纵杆、液晶显示屏。

4）视频切换可将任意摄像机信号切换任意监视器。

5）报警编程及联动。

6）解码器的控制，能够驱动摄像机的云台和镜头。

（2）操作键盘

操作键盘是电视监控系统中的专用控制键盘，如图3-32所示，一般用它来控制系统中的其他设备，如控制系统中的视频矩阵切换器、解码器、报警接口箱等。在产品设计中，操作键盘与各设备之间的连接方式采用串行通信连接，通信接口有RS-232、RS-485、RS-422等接口标准。

操作键盘具有如下功能。

1）用户密码输入、操作安全可靠。

2）云台镜头控制、变速操纵杆控制变速球型摄像机。

3）监视器/摄像机选择、液晶显示屏显示运行状态。

图 3-32　操作键盘

4）多至16个系统键盘连机工作。

5）报警布防、撤防、报警连动功能。

6）总线自动巡更线路故障报警功能。

（3）键盘操作说明

1）键盘通电。

用一个直流12V电源通过接口盒及8芯扁线供电，并将接口盒与矩阵切换器的通信接口正确连接，接通电源。LCD显示"安防监控键盘"，可中英文显示，系统默认为中文显示。如图3-33所示。

2）键盘密码登录。

安防监控键盘
协　议：MAINVAN
波特率：9600　本机ID：001

图 3-33　键盘显示画面

键盘登录是一个安全过程，只有被授权的人才能操作系统。用户必须有一个操作员号和密码才能访问系统。密码登录系统最多允许 16 个用户，每个用户有各自的操作员号和密码。
在显示"安防监控键盘"后，按任意键，LCD 显示"LOCK"。
按键 ON，LCD 显示"请输入操作员号"，如图 3-34 所示。
在数字区输入"**"+ON 键（**：0-15），进入密码登入。
（在 10s 内无按键操作，LCD 自动回到"LOCK"状态。）

图 3-34　键盘登录画面

4 位键盘密码（0000～9999，原始密码为"0000"），输入
方法为"****"+ON 键。键盘密码输入正确后，状态显示区
显示"——"。输入某个监视器号并加以确认键 MON，监视器显示区显示当前受控的监视器号，
表明键盘已处于工作状态。LCD 显示系统时间（24 小时制）、监视器号、摄像机号、网络号、
报警号及操作状态。

3）键盘模式。

键盘与设备模式，主要在直接控制解码器、智能高速球中应用。键盘与设备连接时，系
统自动识别，在键盘开启时，LCD 自动显示"INPUT"，不需修改。

键盘与矩阵模式，主要在矩阵系统中应用。键盘与矩阵连接时，系统自动识别，在键盘
开启时，LCD 的主界面自动显示系统时间，不需修改。

4）键盘菜单设置。

稍长时间按住 SETUP 键进入键盘主菜单的通信、协议、背光及语言设置。在主菜单中，
通过光标键或矢量遥杆，选中子项目，按 ON 键确认，则可
进入子项目，如图 3-35 所示。

通信设置	语言设置
协议设置	
背光设置	

图 3-35　键盘菜单画面

注：键盘与矩阵进行通信时，波特率为 9600bit/s，协议
为 Matrix—M。

5）键盘操作加锁。

键盘操作完成后，为防止他人非法操作，进行下列操作
可将键盘置入操作保护状态。

① 按 LOCK 键。

② 按 ON 键，状态显示"LOCK"。

6）键盘操作解锁。

解除键盘操作保护方法是，按键盘密码登录方法，先输入操作员号，再输入四位键盘密码。

7）键盘密码设置。

键盘密码限定为 4 位数字，如要更改键盘密码，需进行如下操作。

① 锁开关置"PROG"位置。

② 按 LOCK 键。

③ 输入 4 位密码"****"。

④ 按 ACK 键。

⑤ 锁开关置"OFF"位置。

注：如果遗忘密码，可通过矩阵切换器的菜单功能内的 Keyboard Password 项查得。

8）选择监视器。

要进行键盘操作视频选择首先要有效地将键盘连接到矩阵主机，先选监视器再选摄像机，

才能实现对摄像机的操作。

① 在键盘数字区输入所想调用的有效监视器号。

② 按键盘 MON 键，这时监视器显示区显示新输入的监视器号。

例如：调用 2 号监视器。

① 按 2 数字键。

② 按 MON 键。

此时，监视器 2 即为现行受控监视器。

9）选择摄像机。

① 在数字键区输入需要调用的摄像机号（对应改号应有视频信号输入）。

② 按键盘 CAM 键。此时该摄像头画面切换至指定的监视器上，摄像机显示区显示新输入的摄像机号。

例如：调用 1 号摄像机在 2 号监视器上显示。

① 按 2 数字键。

② 按 MON 键。

③ 按 1 数字键。

④ 按 CAM 键。此时 2 号监视器显示 1 号摄像机画面。

10）控制解码器（遥控摄像机）。

摄像机云台、镜头、预置及辅助功能的操作只在摄像机被调至为受控监视器时起作用。若摄像机被编程为不可控制时，键盘对该摄像机的控制将无效。

① 操作云台。

在键盘右边有 1 个二维矢量摇杆可控制摄像机的方向。

操作方法为以下步骤。

a. 调要控制的摄像机至受控监视器。

b. 向图像要运动的方向操作矢量遥杆，就可控制摄像机方向。

c. 松开矢量摇杆，即停止对摄像机的方向操作。

② 镜头控制。

在键盘右边有一组按键可控制摄像机的可变镜头，这些键的具体功能如下。

IRIS- / IRIS+：用于镜头的光圈控制。通过这两个键可以改变镜头的进光量，从而获得适中的视频信号电平。

FOCUS- / FOCUS+：用于镜头的聚焦控制。通过这两个键可改变镜头的聚焦，从而获得清晰的图像。

ZOOM- / ZOOM+：用于改变镜头的倍数。通过这两个键可改变镜头的变焦倍数，从而获得广角或特写画面。

操作方法如下。

a. 调用要控制的摄像机至受控监视器。

b. 按想要操作的镜头功能键，就可以控制镜头。

c. 放开键盘，即停止镜头操作。

11）控制高速智能球。

① 初始设定。

在矩阵键盘上按下"SETIP"进入主菜单，选择"系统设置"，再选择"高速球设置"进行高速球的通信协议、波特率的设定。

高速球机的地址：001

高速球机的通信协议：PELCO-D ，半双工

高速球机的波特率：9600

意：设定前，请确定电源已关闭；变更完成之后，请重新启动本高速球机以启用新数值。

② 预置位的设定。

设定预置位，将遥杆移动到你想要预设的位置上，按预置位号+ SHOT+ON 来储存此位置。最多可以预设 128 个位置。

调用至预置位，按预置位号+SHOT+ACK，镜头将移动至预置位编号的预设位置。

清除预置位，先选择摄像机，置锁开关于"PROG"位置，输入预置位编号，按 SHOT 键，再按 OFF 键，最后置锁"OFF"于位置。

12）系统自由切换。

自由切换是指经过适当的编程，可在监视器上自动地有序地显示一系列编程指定的视频输入，每一个视频输入显示一段设定的停留时间的切换队列。

① 监视器自由切换的编程过程。

a. 调想要设置为自由切换的监视器号。

b. 输入想要每一摄像机停留的时间 2～240s。

c. 输入自动切换的起始摄像机号。

d. 输入自动切换的结束摄像机号。

e. 监视器自动切换开始运行。

例如：在 1 号监视器上切换 1～5 号摄像机画面停留 2s：

a. 1 +MON，选择要设置的 1 号监视器。

b. 2 +TIME，输入自动切换停留时间 2s。

c. 1 +ON，输入自动切换的起始摄像机号 1。

d. 5 +OFF，输入自动切换的结束摄像机号 5。

② 设置自由切换队列中的摄像机的停留时间。

按以下步骤进行。

a. 稍长时间按住 RUN 键，LCD 显示"请输入切换时间"后在数字区输入自动切换停留时间（2～240s）。

b. 然后按 ON 键。

③ 运行自由切换的步骤。

a. 输入 0 数字键。

b. 然后按 RUN 键。

④ 在已编好的自由切换队列中增加一个摄像机。

按以下步骤进行。

a. 按摄像机号。

b. 按 ACK 键。

c. 按 ON 键。

⑤ 在已编程好的自由切换队列中删除一个摄像机。

按以下步骤进行。

a. 按摄像机号。

b. 按 ACK 键。

c. 按 OFF 键。

⑥ 停止自由切换的运行。

按 n（非零数字键）+ CAM 键，可以停止自由切换的运行，并停留显示调用的摄像机画面。

按 0 + RUN 键可继续运行自由切换。

⑦ 递进/递退单步切换或改变切换方向。

按 NEXT 键，则切换方向变为递增的方式运行。

按 LAST 键，则切换方向变为递减的方式运行。

13）系统程序切换。

系统程序切换是指经过矩阵切换器菜单的编程，可在监视器上自动地有序地显示一系列编程指定的视频输入，每一个视频输入显示一段设定的停留时间的切换队列。

① 设置程序切换队列。

按菜单键 SETUP 键进入矩阵的程序切换设置。

② 运行程序切换队列。

a. 输入监视器号。

b. 按键盘 MON 键。

c. 在键盘上输入想调用的系统切换的序号 1～16。

d. 按键盘 RUN 键。

例如：在 1 号监视器上运行第 2 号程序切换。

a. 按 1 数字键。

b. 按 MON 键。

c. 按 2 数字键。

d. 按 RUN 键。

③ 改变程序切换运行方向。

按 NEXT 键，则切换方向变为递增的方式运行。

按 LAST 键，则切换方向变为递减的方式运行。

④ 停止程序切换的运行。

按 HOLD 键或按 n（非零数字）+ CAM 键，即可停止切换的运行。

按 HOLD 键使图像停留在正在切换的摄像机图像上。

按 n（非零数字）+CAM 键则使图像停留在选定的图像上。

14）防区警点设置。

系统可对内置的 16 个触点接口或报警主机的警点进行设防、撤防。

警点设防：置锁开关于"PROG"位置，输入报警触点号，按 ARM 键，再按 ON 键。

警点撤防：置锁开关于"PROG"位置，输入报警触点号，按 ARM 键，再按 OFF 键。

警点应答：置锁开关于"PROG"位置，输入报警触点号，按 ARM 键，再按 ACK 键。

按"0"+"ARM"+"ON"对所有警点设防。

按"0"+"ARM"+"OFF"对所有警点撤防。

三、设备条件

1. 闭路电视监控系统实训装置（含 5 个摄像机、2 个监视器、矩阵切换器、键盘、紧急按钮、被动红外探测器、门磁、报警器等）。

2. 便携式万用表、一字螺丝刀、十字螺丝刀、插接线、视频线等。

四、实施流程

闭路电视监控系统矩阵切换器的连接与调试如图 3-36 所示。

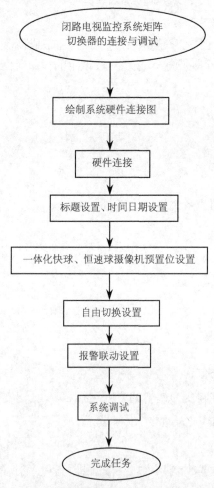

图 3-36　闭路电视监控系统矩阵切换器的连接与调试流程图

五、实施步骤

1. 从小区中选择 5 个摄像机、4 个探测器进行系统连接与调试。

2. 采用视频系统实训装置来完成。先断开实训装置的空气开关，在面板上找到小型矩阵切换器、监视器、摄像机、声光报警器、被动红外探测器、门磁、紧急按钮等设备，熟悉它们的外观及引线端子。

3. 按照图 3-37 完成硬件连接，为避免不当操作和保证设备安全，请先关闭实训台电源。

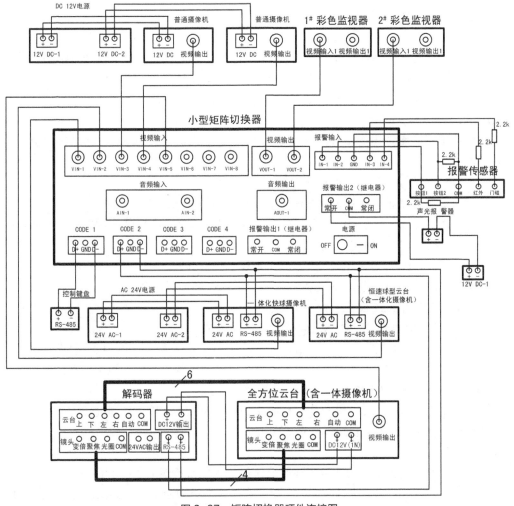

图 3-37 矩阵切换器硬件连接图

4. 调试系统。

（1）检查系统连线及通电。

参考上图所示的连线图接线，经检查确保无误后再通电，并打开两个监视器的输入通道 1 和浏览开关，则监视器上会显示视频画面。

（2）矩阵键盘的通信及协议设置。

注：键盘与矩阵进行通信时，波特率为 9600bit/s，协议为 Matrix—M。

（3）摄像机切换设置。

① 输入用户密码对键盘操作解锁。

② 按 1+MON，2+CAM，可切换摄像机 2 在 1 号监视器显示。

③ 同理可以将摄像机 1～4 中的任何一路切换到 1 号或 2 号监视器上。

（4）语言、时间和日期、监视器以及摄像机的设置。

① 系统语言可选择中文/英文。

② 设置日期和时间，将日期设置成××月××日××年，时间设置成××时××分××秒。

③ 设置每个监视器屏幕上显示的项目内容。1：不显示；0：显示。

④ 设置各通道的标题。

（5）智能快球摄像机的调试和与控制设置。

① 智能快球的地址码默认设置为 1，所以必须确定智能快球摄像机接在矩阵主机视频输入 1 通道，快球的 RS485 通信线连接在矩阵的 CODE2 端口的 D+和 D-。

② 在键盘上按下 SETUP 进入菜单：系统设置中的高速球设置，选择合适的波特率和通信协议：PELCO-D 9600。

③ 根据不同的使用环境和不同的使用要求，通过进入快球的菜单可对快球摄像机的参数进行配置。

④ 一体化快球摄像机的常用功能

a. 使用矩阵键盘在 1 号或 2 号监视器上显示快球摄像机的监控画面。

b. 上、下、左、右、左上、左下、右上、右下八个方向摇动矩阵的操作杆，观察画面的变化过程，注意操作杆与移动的速度。

c. 矩阵键盘的按钮 CLOSE/OPEN 用于控制镜头的光圈，NEAR/FAR 用于控制镜头的聚焦，WIDE/TELE 用于改变镜头的倍数，能拉近或者推远观察画面。

⑤ 完成三个预置点的设置、调用。

（6）恒速球型云台（含一体化摄像机）设置及调试。

确保恒速球型云台（含一体化摄像机）接在矩阵主机视频输入 2 通道，RS485 通信线连接在矩阵的 CODE2 端口的 D+和 D-。其他与智能快球摄像机类似，也可设置预置位。

（7）全方位云台（含一体化摄像机）设置及调试。

① 确保全方位云台（含一体化摄像机）接在矩阵主机视频输入 5 通道，RS485 通信线连接在矩阵的 CODE2 端口的 D+和 D-。

② 常用的功能。

a. 使用矩阵键盘在 1 号或 2 号监视器上显示一体化摄像机的监控画面。

b. 上、下、左、右、左上、左下、右上、右下八个方向摇动矩阵的操作杆，观察画面的变化过程，注意操作杆与移动的速度。

c. 矩阵键盘的按钮 CLOSE/OPEN 用于控制镜头的光圈，NEAR/FAR 用于控制镜头的聚焦，WIDE/TELE 用于改变镜头的倍数，能拉近或者推远观察画面。

（8）自由切换设置、运行。

① 在矩阵主机键盘上编程一个自由切换队列：比如在 1 号监视器上切换 1～4 号摄像机画面，图像的停留时间为 3s。

② 运行自由切换队列，观察监视器画面的变化。

③ 运行一段时间后，改变自由切换运行的方向。

④ 预观察某一特定的画面时，可按 HOLD 键或按 n+CAM 键停止切换的运行。

（9）程序切换设置、运行。

① 对 CAM1 高速球设置 3 个预置位。将摄像机调式到所需位置，按下 1+SHOT+ON 则将该位置设置为 1 号预置位，按 1+SHOT+ACK 则调用 1 号预置位。同样的方法设置其他预置位。

② 在矩阵菜单编程程序切换，如表 3-2 所示。

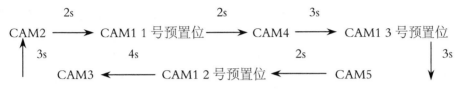

表 3-2　程序切换

序　号	摄像机	时　间	预　置	辅　助
1	002	02	00	00
2	001	02	01	00
3	004	03	00	00
4	001	03	03	00
5	005	02	00	00
6	001	04	02	00
7	003	03	00	00

③ 在 1 号摄像机运行程序切换 01。按下 1MON 1RUN 即可。

（10）报警联动的实验。

① 报警端口的设置选择并行端口，并将报警输出设置如表 3-3 所示。

表 3-3　报警输出

报警输出				
警　点	监视器	摄像机	预　置	辅　助
001	01	001	02	00
002	02	002	00	00
003	01	003	00	00
004	02	004	00	00

② 设防 1、2、3、4 号警点。

③ 紧急按钮 1 报警连动。先按下 1+ARM+ON 将 1 号警点布防，然后按下紧急按钮，观察报警连动输出设备，即监视器画面的变化及声光报警器的状态。1 号监视器上自动显示 1 号摄像机 2 号预置位画面，屏幕的状态显示区显示 A001，蜂鸣声响起，声光报警器也鸣叫报警。

复原紧急按钮，先按下 1+ARM+OFF 撤防并清除报警，观察报警连动输出设备，即监视器画面的变化及声光报警器的状态。

④ 紧急按钮 2 报警连动的操作同紧急按钮 1。

⑤ 红外探测器报警连动。先按下 3+ARM+ON 将 3 号警点布防，触发红外探测器，观察报警连动输出设备，即监视器画面的变化及声光报警器的状态。1 号监视器上自动显示 3 号摄像机画面，屏幕的状态显示区显示 A003，蜂鸣声响起，声光报警器也鸣叫报警。

将红外探测器复位，先按下 3+ARM+OFF 撤防并清除报警，观察报警连动输出设备，即监视器画面的变化及声光报警器的状态。

⑥ 门磁报警连动。先按下 4+ARM+ON 将 4 号警点布防，然后将门磁打开，观察报警连动输出设备，即监视器画面的变化及声光报警器的状态。2 号监视器上自动显示 4 号摄像机画面，屏幕的状态显示区显示 A004，蜂鸣声响起，声光报警器也鸣叫报警。

将门磁闭合，先按下 4+ARM+OFF 撤防并清除报警，观察报警连动输出设备，即监视器画面的变化及声光报警器的状态。

5. 注意事项

（1）本实验装置中智能快球的地址为 01、协议及波特率为 PELCO-D 9600；恒速球型云台（含一体化摄像机）的地址为 02、协议及波特率为 PELCO-D 9600；全方位云台（含一体化摄像机）的地址为 05、协议及波特率为 PELCO-D 9600；

（2）注意各类摄像机电源不同，连接时千万不能出错。

实训（验）项目单

姓名：_____ 班级：_____班 学号：_____ 日期：___年___月___日

项目编号		课程名称		训练对象		学时	
项目名称			成绩				
目的							

一、所需工具、材料、设备（5分）

二、实训要求

选择5个摄像机、2个紧急按钮、1个被动红外、1个门磁进行系统连接与调试，具体要求有以下几点。

1. 系统复位。

2. 视频信号：要求接入5路视频信号，一体化快球摄像机连接矩阵视频输入VIN-1，恒速球摄像机连接矩阵视频输入VIN-2，红外摄像机连接矩阵视频输入VIN-3，全方位摄像机连接矩阵视频输入VIN-4，普通摄像机连接矩阵视频输入VIN-5。

3. 探测器：被动红外连接矩阵报警输入IN-1，紧急按钮1连接矩阵报警输入IN-2，门磁连接矩阵报警输入IN-3，紧急按钮2连接矩阵报警输入IN-4。报警器连接矩阵报警输出1。

4. 标题设置：图像1为NHU，图像2为4FWI，图像3为8HKL，图像4为2TML、图像5为YY5。

5. 时间和日期设置：日期设置为2011年11月11日，时间设置为11时11分11秒。

6. 预置位设置：一体化快球设置4个预置位，恒速球摄像机设置3个预置位。

7. 程序切换设置要求。

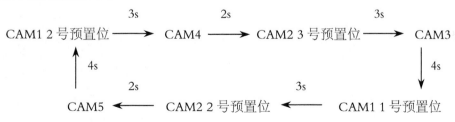

在2号监视器上，运行程序切换。

8. 报警连动设置要求。

紧急按钮 1 报警，则连动在监视 2 上显示图像 1 的 4 号预置位。

紧急按钮 2 报警，则连动在监视 1 上显示联动图像 3。

被动红外报警，则连动在监视 1 上显示图像 2 的 1 号预置位。

门磁报警，则连动在监视 2 上显示图像 4 。

三、实训步骤（75 分）

1. 绘制硬件连接图。（10 分）

2. 完成硬件连接。（10 分）

3. 系统复位。（5 分）

4. 标题设置。（5 分）

5. 时间和日期设置。（5 分）

6. 预置位设置。（10 分）

7. 程序切换设置及运行。（15 分）

8. 报警联动设置及运行。（15 分）

四、思考题（10 分）

1. 探测器接入矩阵时，什么情况下需要串联电阻，什么情况下需要并联电阻？（5 分）

2. 连接调试时，发现高速球不能由矩阵切换器正常操作，假定设备本身正常，试分析该故障发生可能的原因有哪些？（5分）

五、实训总结及职业素养（10分）

评语：

教师：　　　　　　　　　年　　月　　日

任务四 闭路电视监控系统硬盘录像机的基本操作

一、任务描述

小区在电梯、停车场、花园等处安装了各式各样的摄像机,有一体化快球摄像机,恒速球云台摄像机、红外摄像机、普通摄像机、全方位摄像机等,并在一些不安全位置安装了被动红外探测器、紧急按钮,在会所出入口安装了门磁等,需要采用硬盘录像机、监视器对摄像机、探测器等进行采集及控制。本任务只选择其中的 4 个摄像机、4 个探测器进行系统连接与调试。具体有如下要求。

(1)绘制硬盘录像机的硬件连接图并完成硬件连接。

(2)硬盘录像机设置,如预置位等。

(3)探测器的连接及报警。

(4)硬盘录像机操作。

二、知识准备

1.录像机

视频监控系统用于记录、存储的设备常见的有磁带录像机(VCR)、硬录像机(DVR)。

硬盘录像机根据其操作系统不同,分为 PC 式硬盘录像机、类 PC 硬盘录像机和嵌入式硬盘录像机。其中磁带式录像机由于检索困难,维护费用高,录像带重复使用差,所以已呈退市之势,后面就不再作介绍。

硬盘录像机与传统的模拟录像机相比具有较大优越性,具体表现在,录像时间长,最长录像时间取决于连接的存储设备的容量,一般可达几百小时;支持的视音频通道数多,可同时进行几路、十几路、甚至几十路同时录像;记录图像质量不会随时间的推移而变差;功能更为丰富。因此已成为视频监控的主流产品。本书重点介绍硬盘录像机。

(1)PC 式硬盘录像机。

PC 式硬盘录像机又称为工控机、插卡机,一般基于 Windows 操作系统,文件系统一般采用 NTFS 或 FAT32。通常是在计算机内插有一块或几块视频采集卡,它是介于摄像机与 PC 硬盘录像机之间的一个 A-D 转换和图像压缩设备。

采集卡的工作流程是,视频信号首先经低通滤波器滤波,之后按照应用系统对图像分辨率的要求,对视频信号进行采样/保持,和对连续的视频信号在时间上进行间隔采样,由时间上连续的模拟信号变为离散的模拟信号,进而将这些音、视频转换为数字化的信息流,但这些数据流是不能直接进行传送和存储的,因为未经压缩的图形、视频和音频数据会占据非常多的存储容量。

(2)嵌入式硬盘录像机。

嵌入式硬盘录像机(又称一体化硬盘录像机)如图 3-38 所示。与 PC 式硬盘录像机不同,它已完全脱离 PC 平台,有自己的操作系统,常用的有 PSOS、Linux、VxWorks 等,采用的文件系统则有较多种类,如 MS-DOS 兼容文件系统、UNIX 兼容文件系统、Windows 兼容文件系统,还有各种专用的文件系统等。

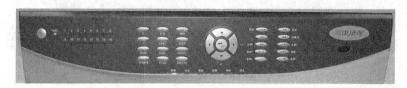

图 3-38　嵌入式硬盘录像机

2．嵌入式硬盘录像机的操作

（1）嵌入式硬盘录像机的特点

嵌入式硬盘录像机具有如下特点。

1）采用高速嵌入式微控制器和嵌入式实时操作系统，超高稳定性，不死机，经久耐用，维护方便。

2）面板/遥控器操作，中文/英文菜单，两重密码措施，分权限管理，便捷安全。

3）8/16 路报警输入，4 路报警输出，可实现实时布防、撤防。

4）多种定时录像方式。自动开关机，停电后来电自动恢复。视频信号丢失自动报警。真正实现无人值守。

5）手动、定时、报警联动、移动侦测录像，有效地节省硬盘空间。移动侦测录像功能，可独立设置 16×12 个侦测区域，且 16 级灵敏度可调。

6）报警录像功能和报警录像延时功能，保证报警录像资料的完整性。

7）具有×2、×4 倍的快进/快退播放功能及×1/2、×1/4、×1/8 倍速率慢放和暂停、帧放功能。PAL/NTSC 双制式。

8）每个通道可独立设置亮度、色度、对比度、色调、移动侦测灵敏度。

9）完善的报警日志和操作日志，方便分析与查寻。

（2）嵌入式硬盘录像机操作说明

1）前面板说明。

嵌入式硬盘录像机前面板说明如表 3-4 所示。

表 3-4　嵌入式硬盘录像机前面板说明

序号	类型	名　称	说　明
1	开关键	开关键	设备开关，带电源指示灯，绿色表示设备正在工作，红色表示设备已经停止工作，指示灯灭表示后面板电源开关已经关闭或电源线已经拔除
2	状态灯	PSW 1～16	电源指示灯 通道 1～16 状态显示。绿色表示正在录像，红色表示正在网传，橙色表示既在录像又在网传
3	输入键	数字键	可以输入数字，大小写英文字母，符号及汉字（区位码）
4	控制键	方向键	由上【↑】下【↓】左【←】右【→】四个按键组成。1．菜单模式时使用【←】、【→】键移动菜单设置项活动框，使用【↑】、【↓】键选择菜单设置项数据；2．云台方向控制；3．回放时控制快放、慢放、快进、快退等
		确认（Enter）	1．菜单模式的确认操作；2．选择框状态√和×之间的切换；3．回放时的暂停

序号	类型	名　　称	说　　明
5	复合键	主菜单/雨刷	1. 预览界面到菜单操作界面的切换；2. 雨刷控制
		退出（ESC）	取消当前操作，返回到上级菜单或预览界面
		编辑/光圈+ （EDIT/IRIS+）	1. 进入编辑状态，在编辑状态下用于删除光标前字符；2. 调整光圈；3. 选择框状态√和×之间的切换
		输入法/焦距+ （A/FOCUS+）	1. 输入法（数字，英文，中文，符号）之间切换； 2. 调整焦距
		系统信息/变倍	1. 本地预览界面中，显示/隐藏通道状态； 2. 控制变倍
		放像/自动 （PLAY/AUTO）	1. 本地回放；2. 自动扫描
		录像/预置点 （REC/SHOT）	1. 手动录像；2. 调用预置点
		云台控制/光圈 （PTZ/IRIS−）	1. 进入云台控制模式；2. 调整光圈
		多画面/焦距 （PREV/FOCUS−）	1. 预览时多画面切换；2. 从菜单模式切换到预览界面；3. 调整焦距
		对讲/变倍 （VOIP/ZOOM−）	1. 主动发起语音对讲(待扩充)；2. 控制变倍；3. 对于 16 路 HS 设备，作为辅口切换控制键
6	状态灯	就绪（READY）	设备处于就绪状态
		状态（STATUS）	处于遥控器控制时呈绿色，处于键盘控制下呈红色
		报警（ALARM）	有报警信号输入时呈红色
		硬盘（HDD）	硬盘正在读写时呈红色并闪烁
		网络（LINK）	网络连接正常时呈绿色
		Tx/Rx	网络正在发送/接收数据时呈绿色并闪烁

2）遥控器说明。

① 遥控器安装。打开遥控器电池盖，装入 2 节 7 号电池，确认正负极性对应正确，合上电池盖。

② 使用遥控器。使用遥控器之前，请确认已经正确安装了电池。在使用遥控器时，请把遥控器的红外发射端对准硬盘录像机的红外接收口，然后在遥控器上按【设备/DEV】键，接着输入要操作的那台硬录像机的设备号（默认的设备号"88"，可"本地设置"进行修改），再按遥控器上的【确认/ENTER】键，如果此时录像机前面板上的"状态"灯变为绿色，表明该硬盘录像机已被遥控器选中，此时可以使用遥控器对该硬盘录像机进行操作。这个操作是连续的，在整个操作完成及硬盘录像机被选中之前，硬盘录像机面板上以及监视器上没有任何提示信息。

③ 停止使用遥控器。在设备处于被遥控器选中的状态时，按【设备/DEV】键，设备面板的"状态"灯熄灭，此时遥控器的任何操作对该硬盘录像机无效。

④ 使用遥控器关机。在设备处于被遥控器选中状态时，持续按住遥控器【开关/POWER】

键，可以关闭设备。

⑤ 处理常见故障。如果遥控器不能正常控制硬盘录像机，请从以下几方面检查。

a. 检查电池的正负极性。

b. 检查电池电量是否用完。

c. 检查遥控传感器是否被遮挡。

d. 附近是否有荧光灯在使用。

3）菜单项说明。

菜单导航如表 3-5 所示。

表 3-5　菜单导航

主菜单项	功能选项	主菜单项	功能选项
本地显示	设备名称	图像设置	选择通道
	设备号		名称、位置
	启用操作密码		亮度，对比度，色调，饱和度调节
	屏幕保护时间设置		OSD 显示方式，位置
	输出制式选择		遮盖设置，遮盖区域设置
	启动缩放		遮挡报警、区域设置及处理
	亮度设置		视频丢失处理
	菜单背景对比度设置		移动侦测灵敏度，区域及处理
	VGA 分辨率	录像设置	硬盘录满覆盖方式
	日期		SATAI 硬盘用于
	时间		选择通道
网络设置	网卡类型、IP 地址		录像参数类型
	端口号		码流类型
	高级网络设置		分辨率
	掩网、网关		视频帧率
	DNS IP，多搏 IP		位率上限
	管理主机 IP 地址及端口号		图像质量
	NAS 设置		位率类型
	PPPoE 设置		启用事件压缩
	邮件服务设置		开启录像、设置
报警量	选择报警输入、报警器类型		预录事件、录像延时
	报警输入处理，PTZ 联动	异常处理	异常类型
	报警输出延时		处理方式
	报警输出时间设置		触发报警输出
PTZ	选择通道		邮件服务
	速率、数据位	预览设置	选择输出端口
	停止位、校验		预览模式

主菜单项	功能选项	主菜单项	功能选项
PTZ	流控、解码器类型	预览设置	切换时间
	解码器地址、预置位		音频预览
	巡航路径号、轨迹		报警触发输出选择
串口设置	RS232 串口参数设置		报警显示延时
	串口用途选择及其参数设置		通道顺序设置
用户管理	用户添加，用户删除		输入方式
	密码设置，密码修改		AIM IP 地址
	权限设置		AIM 类型
工具	保存设置、恢复设置、升级		其他 AIM 信息
	硬盘管理、清除报警、重新启动		
	关机、日志、系统信息		

（3）嵌入式硬盘录像机的操作

嵌入式硬盘录像机的菜单操作方法如下。

① 进入菜单模式。

a. 按【主菜单/MENU】键，进入设备主菜单界面。

b. 按【放像/PLAY】快捷键，进入回放操作界面。

c. 按【录像/REC】快捷键，进入手动录像操作界面。

d. 按【云台控制/PTZ】快捷键，进入云台控制操作界面。

说明：进入时输入密码，设备出厂时的用户名为"admin"，密码为"12345"。

② 主菜单界面说明。

菜单界面中有一个小矩形框，称为"活动框"。使用【→】或【←】键可以使"活动框"从一个图标移动到另一个图标。当"活动框"定位到某一图标上时，按前面板的【确任/ENTER】键就可以进入该图标所对应的下级菜单。例如将"活动框"移到"图像设置"图标，按前面板的【确任/ENTER】键就可以进入了"图像设置"二级菜单。

③ 输入法说明。

在菜单操作界面中，进入编辑框（"图像设置"内"通道名称"的编辑框）的编辑状态，则屏幕下方会出现如图 3-39 所示的状态，按前面板的【数字键】可以在编辑框内输入数字。

数字	主口	2008－06－21　21：52：07

图 3-39　数字输入的选择界面

如果要输入英文（大写），将输入法切换到"大写字符"，即按前面板的【输入法】键，直到变成如图 3-40 所示的状态，这时按前面板的【数字键】就可以在编辑框内输入大写英文字母（与在手机中输入英文字母的方法一样）。

大写字符	主口	2008－06－21　21：55：12

图 3-40　英文输入的选择界面

另外还支持以下几种输入法：小写字符、符号、区位。符号共有 24 个，分 4 页显示，用前面板的数字【0】可以进行翻页；使用"区位"可以输入中文，《汉字区位简明对照表》参见随机光盘。

④ 开机。

打开后面板电源开关，设备开始启动，【电源】指示灯呈绿色。监视器或显示器屏幕上方第一行显示压缩芯片 DSP 初始化的状况，若 DSP 图标上打"×"，说明 DSP 初始化失败，请及时联系管理员；第二行显示硬盘初始化状况，若硬盘图标上打"×"，说明没有安装硬盘或未检测到硬盘。

⑤ 预览。

设备正常启动后直接进入预览画面。

通道录像状态及报警状态的图标说明如表 3-6 所示。

表 3-6　通道录像状态及报警状态的图标说明

录像状态			报警状态		
图标	图标颜色	录像状态说明	图标	图标颜色	报警状态说明
○	白色	无视频信号	○	白色	视频信号丢失
○	黄色	有视频信号	○	黄色	遮挡报警
○	粉红色	手动录像	○	粉红色	移动侦测&信号量报警
●	绿色	定时录像	●	绿色	无报警
●	蓝色	移动侦测录像	●	蓝色	移动侦测报警
●	红色	报警录像	●	红色	信号量报警

按数字键可以直接切换通道并进行单画面预览，10 路以下机器按一个数字键可切换到对应的通道。

⑥ 登录及修改用户密码。

a. 进入系统操作界面时的登录操作。

b. 修改用户密码。

第一步：进入设备主菜单。

第二步：进入密码修改菜单界面。

第三步：输入新密码。

第四步：完成密码修改。

详细功能请参见网络硬盘录像机用户使用手册。

⑦ 硬盘录像机操作流程。

硬盘录像机操作流程如图 3-41 所示。

⑧ 硬盘录像机设置流程。

硬盘录像机设置流程如图 3-42 所示。

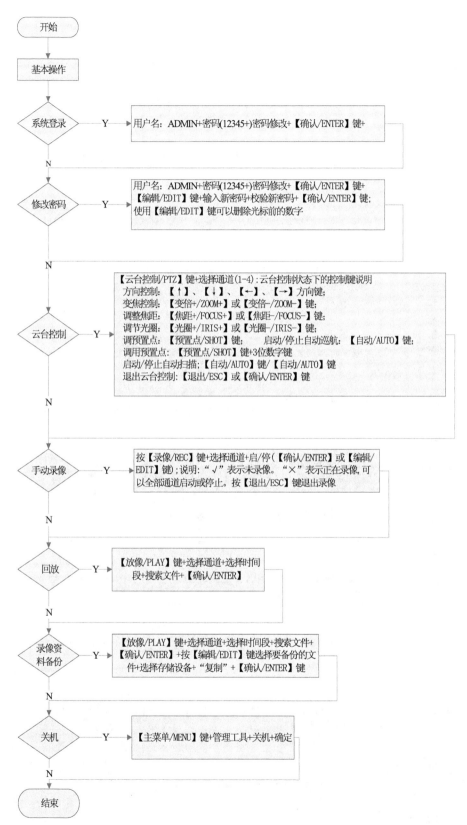

图 3-41 硬盘录像机操作流程图

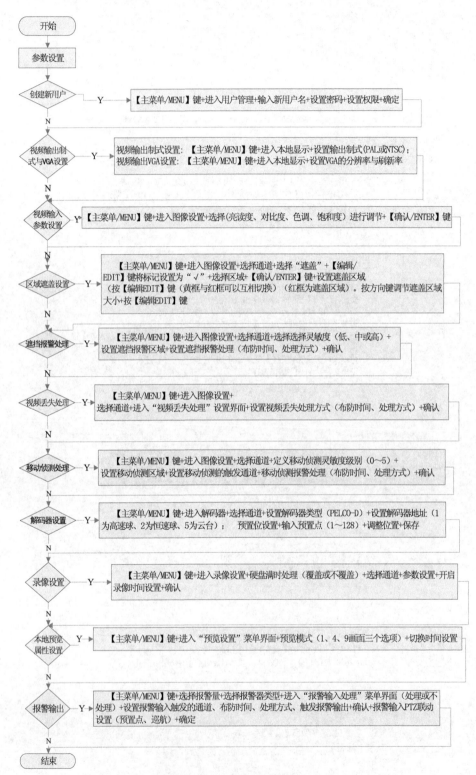

图 3-42 硬盘录像机设置流程图

三、设备条件

1. 闭路电视监控系统实训装置（含 5 个摄像机、2 个监视器、硬盘录像机、键盘、紧急按钮、被动红外探测器、门磁、报警器等）。

2. 便携式万用表、一字螺丝刀、十字螺丝刀、插接线、视频线等。

四、实施流程

闭路电视监控系统硬盘录像机的连接与调试流程见图 3-43 所示。

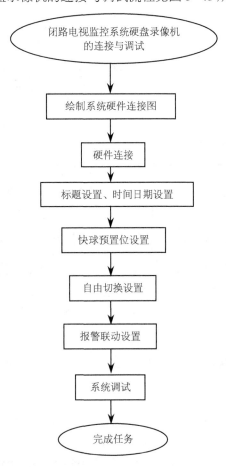

图 3-43　闭路电视监控系统硬盘录像机的连接与调试流程图

五、实施步骤

1. 从小区中选择 4 个摄像机、4 个探测器进行系统连接与调试。

2. 采用视频系统实训装置来完成。断开实训装置的空气开关，在面板上找到硬盘录像机、监视器、摄像机、声光报警器、被动红外探测器、门磁、紧急按钮等设备，熟悉它们的外观及引线端子。

3. 按照如图 3-44 实训连接图完成硬件连接，为避免不当操作和保证设备安全，请先关闭实训台电源。

4. 调试系统

（1）系统连线检查及通电。

参考图 3-44 所示进行接线检查，确保无误后再通电，并打开监视器的输入通道 1 和浏览开关。

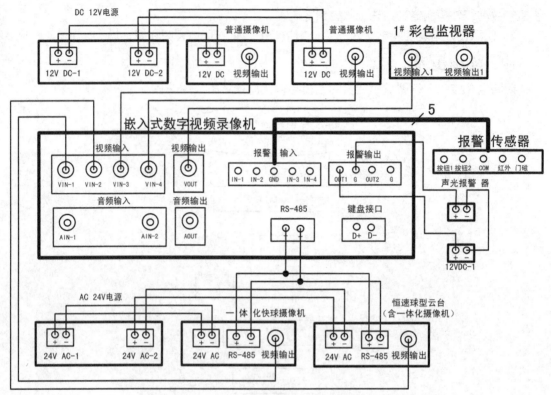

图 3-44 数字式硬盘录像机硬件连接图

（2）启动系统并登录。

注：设备出厂时已经建有一个管理员用户，其名称为"admin"，密码为"12345"，强烈建议不能修改密码。

（3）启用遥控器。

将遥控器对准硬盘录像机的接收窗，先按【设备】键，再按设备号，然后确认，此时硬盘录像机的状态灯呈绿色，遥控器上的按键有效。

注：设备号是硬盘录像机的 ID 号，默认的设备号是 88。录像机断电后，遥控器需重新启用，否则按键无效。

（4）本地显示设置。

① 设置视频的输出制式，我国的视频输出制式为 PAL。

② 选择 VGA 参数，主要是分辨率和屏幕保护时间。

③ 设置日期和时间，比如将日期设置成×××年××月××日，时间设置成××时××分××秒。

④ 设置通道标题，比如将通道 1 标题设置成"AA"，通道 2 标题设置成"C2"，通道 3 标题设置成"pp3"，通道 4 标题设置成"RT"等（输入法/A 键可以切换输入字符的类型，包括数字、大小写英文字母、符号、中文）。各通道的画面根据实际情况和需求决定是否开启遮盖，是否插入时钟等。

⑤ 视频输入参数设置，包括亮度、色调、对比度、饱和度。修改视频输入参数不仅会影响到预览图像，还会影响到录像图像。

⑥ 预览属性设置：本实训装置的输出端口为主输出，预览模式、切换时间等则根据需要

进行选择。

（5）设置摄像机切换。

按【多画面】键可以对显示的画面数进行选择、切换。

（6）设置解码器（快球摄像机的控制及调试）。

① 智能快球摄像机的地址码默认设置为1，所以必须确定智能快球摄像机接在录像机视频输入1通道，快球摄像机的RS485通信线连接在录像机的的RS-485接口。

② 通道1的解码器设置（参见硬盘录像机用户使用手册5.6云台控制设置），通过菜单对快球摄像机选择合适的协议及波特率：PELCO-D 9600，解码器地址：01，其他选项为默认值，不需修改。

③ 完成三个预置点的设置、调用以及删除，并用设置好的预置点完成巡航功能。

a. 预置点设置：在预置点编辑框内输入一个预置点，再进入"调整"界面，通过方向键调整目标位置，调整镜头的光圈、焦距和聚焦等，调整好后按保存键即可。如需定义其他预置点，重复以上步骤。

b. 删除预置点：在预置点编辑框内输入一个预置点，选择"删除"按钮即可。

c. 巡航路径号设置：在巡航路径号编辑框内选择一条巡航路径号，然后添加巡航点（范围：1~16）、预置点、停留时间（数字越大，停留时间越长）及巡航速度（数字越大，速度越快）。选择"添加"下面的"确认"按钮即可。

选择"开始巡航"按钮，对设置巡航路径进行验证，"结束巡航"按钮可停止巡航。

"删除"按钮用于删除指定巡航路径号下的巡航点。

（7）控制及调试恒速球型云台（含一体化摄像机）。

① 恒速球型云台的地址码默认设置为2，所以必须确定恒速球型云台（含一体化摄像机）接在录像机视频输入2通道，恒速球型云台的RS485通信线连接在录像机的RS-485接口。

② 通道2的解码器设置，通过菜单对恒速球型云台选择合适的协议及波特率：PELCO-D 9600，解码器地址：02，其他选项为默认值，不需修改。

③ 一体化摄像机的常用功能。

a. 使用遥控器在监视器上显示一体化摄像机的监控画面。

b. 通过【云台控制】键可进入云台控制操作界面，操作方向键，观察画面的变化过程。

c. 按键【光圈+/光圈-】用于控制镜头的光圈，【调焦+/调焦-】用于控制镜头的聚焦，【变倍+/变倍-】用于改变镜头的倍数，能拉近或者推远观察画面。

（8）录像及回放。

① 录像参数设置，根据实际需求进行选择。

② 定时录像设置，比如：每周一至周五上午08：10~11：40、下午14：10~16：45对通道3进行录像。

③ 查看通道3某天的录像记录。可根据需要，进行选时播放、慢速播放、快进播放、单帧播放。

（9）报警联动。

① 报警设置。以第一路报警输入为例，选择报警类型为"常开型"，布防时间为星期一~星期日的8：00~22：00，触发通道1进行录像，PTZ联动为预置位1，触发报警输出1~4，报警输出设置为星期一~星期日的8：00~22：00。

② 按下手动按钮1，观察报警连动输出设备，即监视器画面的变化及声光报警器的状态。

③ 门磁、被动红外探测器的报警联动实验参照上述的操作。

（10）移动侦测报警联动。

① 以通道 2 为例，设置通道 2 的移动侦测的有效区域为全屏，移动侦测灵敏度为 5，移动侦测的布防时间为星期一～星期日的 8：00～22：00，触发通道 2 进行录像，触发报警输出 1～4，报警输出设置为星期一～星期日的 8：00～22：00。

② 用手在通道 2 的摄像机的摄像头前晃动，观察报警连动输出设备，即监视器画面的变化及声光报警器的状态。

③ 同理可以测试通道 1、3 和 4 的移动侦测功能。

（11）视频信号丢失报警联动。

① 以通道 3 为例，设置通道 3 的视频丢失为处理，视频丢失的布防时间为星期一～星期日的 8：00～22：00，触发报警输出 1～4，报警输出设置为星期一～星期日的 8：00～22：00。

② 将视频输入 3 电缆撤去，观察报警连动输出设备，即监视器画面的变化及声光报警器的状态。

（12）遮挡报警联动的实训。

① 以通道 4 为例，设置通道 4 的遮挡报警为处理，区域为全屏，遮挡报警的布防时间为星期一～星期日的 8：00～22：00，触发报警输出 1～4，报警输出设置为星期一～星期日的 8：00～22：00。

② 用书本将通道 4 的摄像机镜头遮挡起来，观察报警连动输出设备，即监视器画面的变化及声光报警器的状态。

（13）查询日志。

进入“日志”界面可以查看硬盘录像机上记录的工作日志，可按“类型”、“时间”、“类型＆时间”进行查询。

5. 注意事项

（1）本实验装置中智能快球的地址为 01、协议及波特率为 PELCO-D 9600；恒速球型云台（含一体化摄像机）的地址为 02、协议及波特率为 PELCO-D 9600。

（2）注意各类摄像机电源不同，连接时千万不能出错。

实训（验）项目单

姓名：_____　班级：_____班　学号：_____　日期：___年___月___日

项目编号		课程名称			训练对象		学时	
项目名称				成绩				
目的								

一、所需工具、材料、设备（5分）

二、实训要求

1. 系统复位。
2. 视频信号：要求接入 4 路视频信号，一体化快球连接硬盘录像机视频输入 VIN-1，恒速球摄像机连接矩阵视频输入 VIN-2，普通摄像机连接矩阵视频输入 VIN-3 及 VIN-4。
3. 探测器：门磁连接硬盘录像机报警输入 IN-1，紧急按钮 1 连接硬盘录像机报警输入 IN-2，被动红外连接硬盘录像机报警输入 IN-3，紧急按钮 2 连接矩硬盘录像机警输入 IN-4。报警器连接硬盘录像机报警输出 1。
4. 标题设置：通道 1 为 GK1，通道 2 为 2CH，通道 3 为 33RYT，通道 4 为 4BOPH。
5. 时间和日期设置：日期设置为 2012 年 10 月 1 日，时间设置为 10 时 10 分 10 秒。
6. 预置位设置：一体化快球设置 3 个预置位。
   在 1 号监视器上，运行自由切换。
7. 报警连动设置要求。
（1）紧急按钮 1 报警，则连动在监视 2 上显示通道 1 的 2 号预置位。
（2）紧急按钮 2 报警，则连动在监视 1 上显示联动通道 2 图像。
（3）被动红外报警，则连动在监视 1 上显示通道 1 的 3 号预置位。
（4）门磁报警，则连动在监视 2 上显示通道 5 图像。
8. 其他报警连动要求
（1）设置 CAM3 在每天 18：00～6：00 移动侦测报警，一报警就录像，并能录像回放。
（2）设置 CAM2 视频信号丢失报警。
（3）设置 CAM5 遮挡报警。

三、实训步骤（75分）

1. 绘制硬件连接图。（10分）
2. 完成硬件连接。（10分）
3. 系统复位。（5分）
4. 标题设置。（5分）
5. 时间和日期设置。（5分）
6. 预置位设置。（10分）
7. 自由切换设置及运行。（10分）
8. 报警连动设置及运行。（10分）
9. 其他报警连动设置及运行。（10分）

四、思考题（10分）

1. 举例说明预置点功能的用途。（5分）

2. 简述硬盘录像机自由切换设置流程。（5分）

五、实训总结及职业素养（10分）

评语：

教师：　　　　　　　　　　　年　月　日

任务五　闭路电视监控系统设计

一、任务描述

小区需要在电梯、停车场、花园等处安装各式各样的摄像机，有一体化快球摄像机、恒速球云台摄像机、红外摄像机、普通摄像机、全方位摄像机等，并在一些不安全位置安装了被动红外探测器、紧急按钮，在会所出入口安装了门磁等，小区平面图见图1-7，每栋楼A、B单元各有两部电梯，停车全部使用地下停车场，有东、西两个处出口，需要采用矩阵切换器对整个小区进行闭路电视系统设计，具体要求如下：

（1）绘制小区摄像机及探测器平面布置图；

（2）绘制闭路电视系统图；

（3）选择各类设备（摄像机、探测器、矩阵、监视器等）；

（4）编制设备清单；

（5）撰写系统设计方案。

二、知识准备

闭路电视监控系统设计要点如下。

（1）摄像机的选择与布置

摄像机的选择一般要求如下：

① 应根据监视目标的照度选择不同灵敏度的摄像机。监视目标的最低环境照度应高于摄像机最低照度的10倍，摄像机低照度没有明确的定义，但一般认为彩色摄像机照度从0.5~1lx，黑白摄像机照度从0.0003~0.1lx，0照度环境下宜采用远红外光源或其他光源。

② 摄取固定监视目标时，可选用定焦距镜头；当视距较小而视角较大时，可选用广角镜头；当视距较大时，可选用望远镜头；当需要改变监视目标的观察视角或视角范围较大时，宜选用变焦距镜头；当需要遥控时，可选用具有变焦距的遥控镜头装置。

③ 固定摄像机在特定部位上的支承装置，可采用摄像机托架或云台。当一台摄像机需要监视多个不同方向的场景时，应配置自动调焦装置和遥控电动云台。

④ 根据工作环境应选配相应的摄像机防护套。防护套可根据需要设置调温控制系统和遥控雨刷等。

⑤ 摄像机需要隐蔽时，可设置在天花板或墙壁内，镜头可采用针孔或棱镜镜头。对防盗用的系统，可装设附加的外部传感器与系统组合，进行连动报警。

⑥ 监视水下目标的系统设备，应采用高灵敏度摄像管和密闭耐压、防水防护套，以及渗水报警装置。

摄像点的合理布置是影响设计方案是否合理的一个方面。监视区域范围内的景物，要尽可能都进入摄像画面，减少摄像区的死角。要做到这点，当然摄像机的数量越多越好，但这显然是不合理的。为了在不增加摄像机的情况下能达到监视要求，就需要对拟定数量的摄像机进行合理的布局设计。图3-45所示是几种监视系统摄像机的布置实例。

（2）闭路电视监控系统布置的接线形式

视频电视监控系统根据其使用环境、系统功能的不同而具有不同的组成方式。无论系统规模有多大、功能有多少，在工程布置上主要有两大部分，一部分是分布在现场的各类摄像机，另一部分就是监视控制中心设备，两者之间通过视频传输线和通信控制线连接。

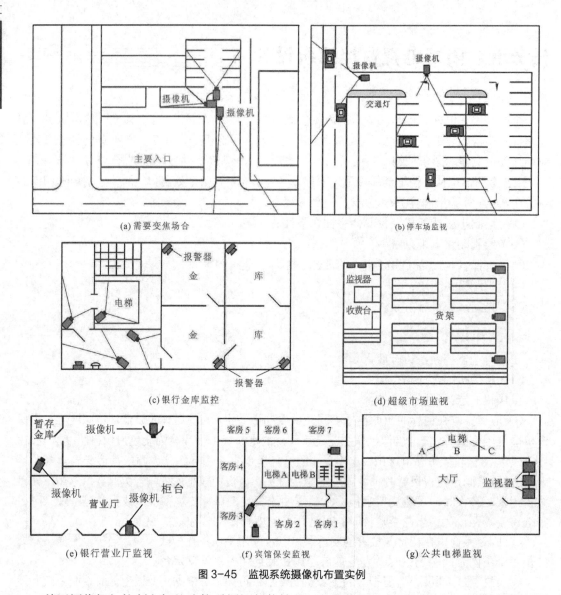

图 3-45　监视系统摄像机布置实例

　　普通摄像机与控制主机的连接采用视频传输线，主要使用 SYV 型、SBYFV 型等型号的同轴电缆。另外还有专供摄像机电源线，通常有 24V 交流电压线、12V 直流电压线等。

　　带云台或变焦控制的摄像机与主机的连接除视频传输线及电源线外，云台等的控制信号由解码器输出，解码器安装在摄像机现场，解码器通过总线 RS485 与控制主机相连。另外控制中心的控制主机可通过通信接口模块 RS232 与计算机相连。

　　（3）传输方式、线缆选型与敷设

　　① 传输距离较近，可采用同轴电缆传输视频基带信号的视频传输方式。同轴电缆传输距离见表 3-7，摄像机所用电源线线径和传输距离的关系见表 3-8。

表 3-7　同轴电缆的最大有效传输距离

同轴电缆类型	最大有效传输距离	同轴电缆类型	最大有效传输距离
SYV-75-5（RG59）	3000ft（914.4m）	SYV-75-9（RG11）	6000ft（1828.8m）
SYV-75-7（RG6）	4500ft（1371.6m）	SYV-75-12（RG15）	8000ft（2438.4m）

表 3-8 交流 24V 线径和传输距离关系表

传输功率（W）	线径（mm） 0.8000	1.000	1.250	2.000
10	283（86）	415（137）	716（218）	1811（551）
20	141（42）	225（68）	358（109）	905（275）
30	94（28）	150（45）	238（72）	603（183）
40	70（21）	112（34）	179（54）	452（137）
50	56（17）	90（27）	143（43）	362（110）
60	47（14）	75（22）	119（36）	301（91）
70	40（12）	64（19）	102（31）	258（78）
80	35（10）	56（17）	89（27）	226（68）
90	31（9）	50（15）	79（24）	201（61）
100	28（8）	45（13）	71（21）	181（55）

传输功率（W）	线径（mm） 0.8000	1.000	1.250	2.000
100	25（7）	41（12）	65（19）	164（49）
120	23（7）	37（11）	59（17）	150（45）
130	21（6）	34（10）	55（16）	139（42）
140	20（6）	32（9）	51（15）	129（39）
150	18（5）	30（9）	47（14）	120（36）
160	17（5）	28（8）	44（13）	113（34）
170	16（4）	26（7）	42（12）	106（32）
180	15（4）	25（7）	39（11）	100（30）
190	14（4）	23（7）	37（11）	95（28）
200	14（4）	22（6）	35（10）	90（27）

② 传输距离较远，监视点分布范围广，或需进电缆电视网时，宜采用同轴电缆传输射频调制信号的射频传输方式。

③ 长距离或需避免强电磁场干扰的传输，宜采用传输光调制信号的光缆传输方式。

④ 室内敷设，在要求管线隐蔽或新建的建筑物内可用暗管敷设方式；无机械损伤的建筑物内的电（光）缆线路，或改建、扩建工程，可采用沿墙明敷方式。

⑤ 室外敷设，当采用通信管道（含隧道、槽道）敷设时，不宜与通信电缆共管孔；当电缆与其他线路共沟（隧道）敷设时，或采用架空电缆与其他线路共杆架设时，应遵循相应施工规范。

三、设备条件

1. 计算机（安装 AutoCAD、Winload）。
2. 各类摄像机、探测器若干。
3. 矩阵、解码器及监视器等。

四、实施流程

具体流程如图 3-46 所示。

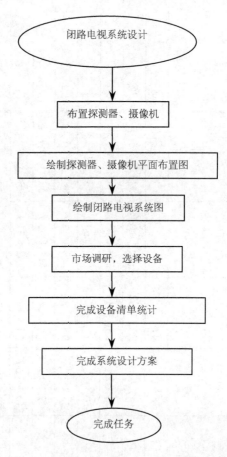

图 3-46　防盗报警系统设备安装与调试流程图

五、实施步骤

本实施步骤以某超市闭路电视监控系统设计为案例来说明，学生按照实训项目单要求完成闭路电视监控系统设计。

1．项目概况

某超市为地上 2 层，后面有一栋 4 层办公楼。监控室拟设在办公楼 2 层保卫中心旁边的房间。办公楼 1 层与地下室为商品库房，2 层以上为办公区。

设计要求，对超市进行封闭监控。白天应监控超市内的情况以及人员流动情况，重点监控收款处、珠宝柜台、财务室、地下仓库的出入库情况，并要求连续录像。晚上对整个商场，仓库等进行全面封锁。无紧急情况，安全保卫人员不需进入超市内巡逻，完全靠监控系统对商场内进行监控。突发事件要能实时录像，报警事件应能自动实时录像，并发出警报。

2．项目平面图

用户提供平面图一份，该超市平面图如图 3-47 所示。

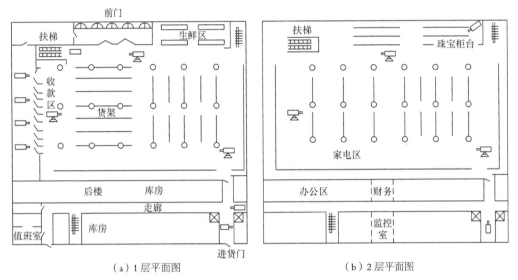

（a）1 层平面图　　　　　　　　　　（b）2 层平面图

图 3-47　某商场（超市）平面图

3．安全防范系统设计方案（摘要）

根据现场勘察结果和用户设计要求，安全防范系统设计方案包括以下 3 个方面。

（1）摄像机的布置。

在超市 1 层和 2 层超市大厅，各设置 3 台吸顶式全方位云台彩色摄像机，适用三可变镜头，用于对超市主要通道、货区观测。由于货架为 2m，上面有近 3m 空间，因此摄像机相对观测范围较大。1 层收款处设置 4 台固定焦距摄像机，每个摄像机监控 3 个收款处。另外 1 台摄像机监控大件货物货架。1 层、2 层扶梯口各设置 1 台固定摄像机，用于上下扶梯的安全监控。珠宝柜台设置 1 台固定摄像机实行 24 小时监控。

在 1 层与 2 层工作人员进出门各设置一台摄像机，用于对进出人员和货物监控。

货架中间人行通道、临街窗口、人行楼梯、进出口处，分别安装被动红外/微波报警探测器，按每台摄像机可观测范围设置报警防区，进行联动安全防范。按照以上设置，在系统布防后，可对商场实行全面监控。

办公区中的财务室设置 2 台固定摄像机和 2 台被动红外/微波报警探测器，对财务室进行防范。放置在屋内的金柜在摄像机监视范围内。

在 1 层和地下库房走廊内各设 1 台固定摄像机。货物进入门口设 1 台固定摄像机。库房各设 1~2 台被动红外/微波报警探测器、振动探测器，用于对库房的监控。

这样，共需安装 6 台带三可变镜头、全方位云台的彩色摄像机，15 台固定摄像机，60 个被动红外/微波报警探测器，10 个振动报警探测器。

根据超市装饰的特点，以及为了减少顾客的心理压力，所有安装在超市内的摄像机，均采用隐蔽的半球摄像机。这样与超市装饰比较协调，顾客也不容易注意。

货架通道内被动红外/微波报警探测器选用长距离探测器，对通道进行封锁。由于已有照明和防火控制，设计时不再考虑。

（2）系统控制设备的设计选择。

监控室设计安装控制台和电视墙。系统控制主机选择矩阵系统控制主机 AB2/50VAD32-8。该主机具有 32 路视频输入，8 路视频输出，以及 32 路报警输入，1 路报警输出。实际安装有 21 台摄像机输入，其余作为扩展用。选用 MV9016 型 16 画面处理器 1 台，用于对连续监视图像进行分割显示和录像。

选用 2 台录像机 TLS-924P，一台用于 16 画面连续录像。另一台用于紧急事件录像。选用 3 台 3A、12V 直流稳压电源，用于对 $12V_{DC}$ 固定摄像机、报警探测器等的直流供电。

选择 1 台 5W、$12V_{DC}$ 警号，作为报警输出设备。选择 1 台 2kW 交流净化稳压电源，统一向系统供电。

选择一台 74cm 大屏幕彩色电视机，主要用于对 16 画面图像监视，和 7 台 36cm 彩色监视器。一台彩色监视器设计安装在控制台上。

（3）传输系统设计。

传输系统采用有线传输方式。由于传输距离较近，视频电缆选用 SYV75-5 视频同轴电缆。通信控制线选用单芯为 $0.5mm^2$ 双绞屏蔽电缆。报警探测器用线为 $0.75mm^2$ 四芯护套电缆，电源线（$220V_{AC}$）为 $2.5mm^2$ 三芯护套电源线。所有传输线，均采用阻燃塑料电线管进行保护。电源 $220V_{AC}$ 供电线单独在一根电线管内走线。在工程装修阶段，所有管线都预埋在墙内或吊棚内。根据情况设置接线盒和检修口。

（4）闭路电视监控系统图。

超市闭路电视监控系统图如图 3-48 所示。

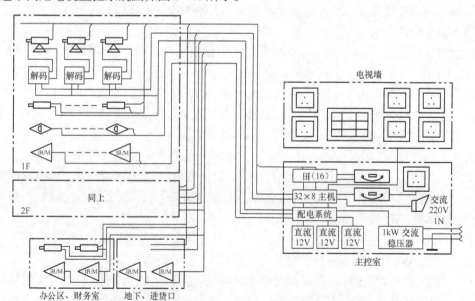

图 3-48　某超市闭路电视监控系统图

实训（验）项目单

姓名：_____ 班级：_____ 班 学号：_____ 日期：___年___月___日

项目编号		课程名称		训练对象		学时	
项目名称			成绩				
目的							

一、所需工具、材料、设备。（5分）

二、实训要求

1. 绘制某一栋各类户型探测器平面布置图。（1、2、5、6栋A、B、C、D户型，3、4栋A、B、C户型）

2. 绘制防盗报警系统图。

3. 选择各类设备（探测器、报警主机、报警中心机等）。

4. 编制设备清单。

5. 撰写系统设计方案。

三、实训步骤（90分）

1. 选择户型，确定不同户型所需采用的探测器类型及数量。（10分）

2. 采用AUTOCAD软件绘制各类户型探测器平面布置图。（10分）

3. 绘制防盗报警系统图。（15分）

4. 市场调研，了解防盗报警系统品牌及市场占有率，选择至少三个品牌进行比较，确定设计采用的品牌。（15分）

5. 根据品牌的具体参数及性能指标，完成系统设计的设备清单统计及选型。（20分）

6. 撰写防盗报警系统设计方案。（20分）

四、实训总结及职业素养（5分）

评语：

教师：　　　　　　　　　　　年　　　月　　　日

项目三　闭路电视监控系统

PART 4

项目四
可视对讲与门禁控制系统

随着居民住宅的不断增加，小区的物业管理就显得日趋重要。而访客登记及值班看门的管理方法已不适合现代管理快捷、方便、安全的需求。访客对讲系统在当今错综复杂的社会环境中，为防止外来人员的入侵，确保家居的安全，起到了非常可靠的防范作用，在大中城市已被广泛应用，并已成为智能化家居验收标准之一。它带给住户一种安全感，同时能提升楼盘的销售价值。访客对讲系统是在各单元口安装防盗门和对讲系统，以实现访客与住户对讲，住户可遥控开启防盗门，有效地防止非法人员进入住宅楼内。

【项目知识】

一、可视对讲系统

可视对讲系统是在单对讲系统的基础上增加一套视频系统，即在电控防盗门上方安装一低照度摄像机，一般配有夜间照明灯。摄像机应安装在隐蔽处并要防破坏。视频信号经普通视频线引到楼层中继器的视频开关上，当访客叫通户主分机时户主摘机可从分机的屏幕上看到访客的形象与其通话以决定是否打开防盗安全门。如图 4-1 所示为可视对讲系统结构框图。

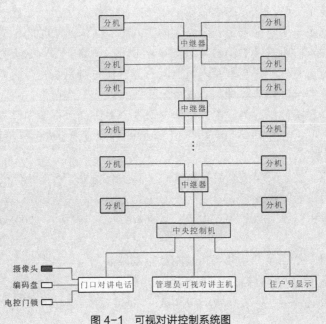

图 4-1　可视对讲控制系统图

1．对讲系统

对讲系统主要由传声器、语言放大器和振铃电路等组成。要求对讲语音清晰，信噪比高，失真度低。

2．控制系统

一般宜采用总线制传输、数字编码方式控制。只要访客按下户主的代码，对应的户主拿下话机就可以与访客通话，以决定是否需要打开防盗安全门。

3．电源系统

电源系统供给语音放大、电气控制等部分的电源，它必须考虑下列因素。

（1）居民住宅区市电电压的变化范围较大。白天负荷较轻时可达 250～260V，晚上负荷重就可能只有170～180V，因此电源设计的适应范围要大。

（2）要考虑交直流两用。当市电停电时，直流电源要供电。

4．电控防盗安全门

楼宇对讲系统用的电控防盗安全门是在一般防盗安全门的基础上加上电控锁、闭门器等构件组成，防盗门可以是栅栏式的或复合式的，但关键是安全性和可靠性要有保证。

5．系统线制结构的选择

访客对讲系统的线制结构有：多线制、总线多线制和总线制3种。其各自有如下特点。

（1）多线制：通话线、开门线、电源线共用，每户再增加一条门铃线。

（2）总线多线制：采用数字编码技术。一般每层有一个解码器（四用户或八用户），解码器与解码器之间以总线连接，解码器与用户室内机呈星形连接，系统功能多而强。

（3）总线制：将数字编码移至用户室内机中，从而省去解码器，构成完全总线连接。故系统连接更灵活，适应性更强，但若某用户发生短路，会造成整个系统不正常。

因此，在实际的工程设计时应根据实际情况灵活地选择不同线制结构的系统。

二、可视对讲系统的常用设备

1．可视对讲系统

可视对讲系统是一套现代化的小康住宅服务措施，提供访客与住户之间双向可视通话，达到图像、语音双重识别从而增加安全可靠性，同时节省大量的时间，提高了工作效率。更重要的是，一旦住家内所安装的门磁开关、红外报警探测器、烟雾探险测器、瓦斯报警器等设备连接到可视对讲系统的保全型室内机上以后，可视对讲系统就升级为一个安全技术防范网路，它可以与住宅小区物业管理中心或小区警卫有线或无线通信，从而起到防盗、防灾、防煤气泄漏等安全保护作用，为屋主的生命财产安全提供最大程度的保障。它可提高住宅的整体管理和服务水平，创造安全社区居住环境，因此逐步成为小康住宅不可缺少的配套设备。

2．网络适配器

具有传送功能。使计算机（系统管理软件）对系统主机、各系统分机以及模块的监控、管理的所有信息得以及时地反馈。

参数为工作电压：DC15V；静态电流：≤50mA；工作电流：<200mA。

3．系统主机

系统主机如图4-2所示。系统主机具有如下功能。

（1）最大容量126个解码器，1008台分机。

（2）楼内双通道，在主机或围墙机与分机通话时，管理中心可呼叫该栋其他住户，其他机不能呼叫该栋其他住户。

（3）连网与网络连接器组合，最多可扩展为四通道，允许多路呼叫同时进行。

（4）三方通话。

（5）密码开锁，胁迫开锁报警。防撬、防盗报警功能，在遭遇拆卸时会向管理中心报警一次（选用）。

图 4-2　系统主机

图 4-3　网络连接器

4．网络连接器

网络连接器如图 4-3 所示。网络连接器具有如下功能。

（1）完成各系统主机之间的连接并将信息传送到管理中心机及管理软件系统。

（2）通道容量：四通道。

（3）工作电压：DC15V，工作电流：150mA，静态电流：80mA。

5．8 路解码分配器

8 路解码分配器如图 4-4 所示。8 路解码分配器具有如下功能：适合数字分机；一台分配器具有 8 路解码和视频输出，可接多至 8 台分机；各路间相互独立，其中一路或几路损坏，不影响其他端口使用。

图 4-4　8 路解码分配器

6．室内分机

有室内黑白分机及室内彩色分机两种，如图 4-5、图 4-6 所示。

图 4-5　黑白分机

图 4-6　室内彩色分机

主要具有如下功能。

（1）适合于单用户型、别墅型、社区等多种规格。

（2）埋入式安装或壁挂式安装。

（3）免提对讲，可视，能监视入口状况及对访客进行二次确认，遥控开锁。

（4）4 种 16 和弦铃声，可预知呼叫方位。

（5）登记托管及报警暗号，阅读中心留言短信息。

（6）具备八防区设防报警能力（烟感、红外、门磁、瓦斯及四组自定义防区）。

（7）多种撤防方式。撤防密码可多至 8 位数，不易破解。用户布防、撤防可在管理中心记录。

7．管理主机

管理主机如图 4-7 所示。

管理主机具有如下功能。

（1）彩色可视，可监视入口情况。

（2）LCD 全中文操作菜单提示。

（3）接受主机呼叫并通话，接受分机呼叫并通话，接受上级管理机呼叫并通话。

（4）呼叫栋内分机通话，呼叫上级管理机或管理中心通话。

（5）接受报警，显示报警的时间、地点、报警内容。能循环存储 2000 组报警地址信息。

8．管理中心机

管理中心机如图 4-8 所示。楼宇对讲电脑管理系统 ARG-212(3.0)是运行在 Windows98、Windows 2000、Windows XP 平台上的 32 位应用程序，充分利用了计算机的多任务处理功能，保证了网络通信和数据的安全处理。该系统在楼宇对讲的基础上，增加了家居自动报警系统、门禁、在线实时巡更、家具控制、手机短信等控制子系统，使小区管理中心能及时进行分析和查询记录，给住户和物业管理带来了极大的方便。

图 4-7　管理主机

图 4-8　管理中心机

三、门禁控制系统

门禁管制系统也叫出入口系统（Access Control System），属公共安全管理系统范畴。在建筑物内的主要管理区、出入口、电梯厅、主要设备控制中心机房、贵重物品的库房等重要部位的通道口，安装门磁开关、电控门锁或读卡机等控制装置，由中心控制室监控。门禁控制系统采用计算机多重任务的处理，既可控制人员的出入，也可控制人员在楼内及其相关区域的行动，它代替了保安人员、门锁和围墙的作用。在智能建筑中采用电子门禁控制系统可以避免人员的疏忽、钥匙的丢失、被盗和复制。门禁控制系统在大楼的入口处、金库门、档案室门、电梯等处安装磁卡识别器或者密码键盘，机要部位甚至采用指纹识别、眼纹识别、声音识别等唯一身份标识识别系统，以使在系统中被授权可以进入该系统的人员进入，而其他人员则不得入内。这样系统可以将每天进入人员的身份、时间及活动记录下来，以备事后分析，而且不需门卫值班人员，只需很少的人在控制中心就可以控制整个建筑物内的所有出入口，节省了人员，提高了效率，也增强了保安效果。因此，适应一些银行、金融贸易楼和综合办公楼的公共安全管理。

1．门禁控制系统的基本组成

门禁控制系统结构如图 4-9 所示。它包括 3 个层次的设备。

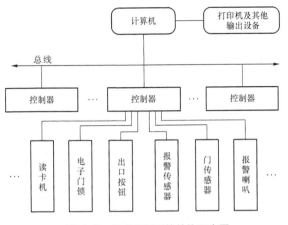

图 4-9　门禁控制系统结构示意图

底层是直接与人员打交道的设备，有读卡机、电子门锁、出口按钮、报警传感器和报警喇叭等。

中层是控制器接收底层设备发来的有关人员的信息，同自己存储的信息相比较以做出判断，然后再发出处理的信息。

顶层是计算机，多个控制器通过通信网络同顶层的计算机连接起来就组成了整个建筑的出入口系统。

底层设备将相关信息发送到中层控制器，中层控制器接收底层设备发来的信息，同自己存储的信息相比较以作出判断，然后再发出处理（开锁、闭锁等）的信息。单个控制器就可以组成一个简单的门禁控制系统，用来管理一个或几个门。多个控制器通过通信网络与计算机连接起来就组成了整个建筑的门禁控制系统。计算机装有门禁控制系统的管理软件，它管理着系统中所有的控制器，完成系统中所有信息的分析与处理。

门禁控制系统的示意图如图 4-10 所示。

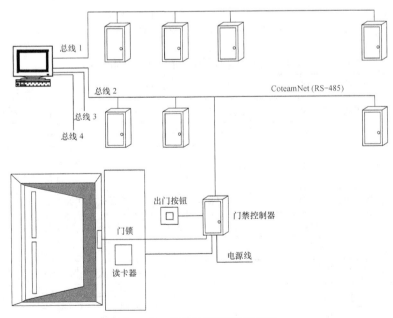

图 4-10　门禁控制系统的示意图

出入口控制系统的工作过程：读卡器读卡时，将卡上信息送给控制器，根据卡号。当前时间和已登记储存的信息，控制器将判断正在识别的卡的有效性，并控制电子门锁的开启。控制器所记录的卡号、登记时间、是否注册、是否有效等信息以及门的状态信息，都显示在计算机上。

2．门禁控制系统的功能

现代的门禁装置是机械、电子、光学等的一体化系统。门禁主要目的是对重要的通行口、出门口通道、电梯进行出入监控。其有如下主要功能。

（1）设定卡片权限。对已授权的人员、有效的卡片允许其进入；对未授权人员（包括想混入的人）将拒绝其入内。门禁控制系统可以设定每个读卡机的位置，指定可以接受哪些通行卡的使用，编制每张卡的权限，即每张卡可进入哪道门，何时进入，需不需要密码。系统可跟踪任何一张卡，并在读卡机上读到该卡时就发出报警信号。

（2）设定每个电动锁的开启时间。

（3）能实时收到所有读卡的记录。比如对某段时间内人员的出入状况，某人的出入情况，在场人员名单等资料实时统计、查询和打印输出。

（4）实时监测门的状态。通过设置门磁开关等传感器，实时监测门当前状态，如门在设定范围内出现异常，则系统会发出警报信号。

（5）当接到消防报警信号时，系统能自动开启电动锁，保障人员疏散。

3．门禁控制系统的分类

门禁控制系统一般分为卡片出入控制系统和人体自动识别技术出入控制系统以及密码识别控制系统三大类。

（1）卡片出入控制系统。

主要由读卡机、打印机、中央控制器、卡片和附加的报警监控系统组成。卡片的种类很多，通常有磁卡（Magnetic Card）、条码卡（Bar-Code Card）、射频识别（Radio Frequency Identification，RFID）卡、威根卡（Weicon Card）、智能卡（又称 IC 卡，Integrated Circuit Card）、光卡（Optical Card）、光符识别（Optical Character Recognition，OCR）卡等。有关各种卡片的性能特点如表 4-1 所示。目前智能卡的应用已经越来越多。

表 4-1　几种卡识别技术的主要性能和指标

性能	OCR 卡	条码卡	磁卡	IC 卡	RFID 卡	光卡	威根卡
信息载体	纸、塑胶	纸等	磁性材料	EPROM	EPROM	合金塑胶	金属丝
信息量	小	较小	较大	大	较大	最大	较小
可修改性	不可	不可	可	可	可	不可，但可追加	不可
读卡方式	CCD 扫描	CCD 扫描	电磁转换	电方式	无线发收	激光	电磁转换
保密性	差	较差	较好	最好	好	好	较好
智能化	无	无	无	有	无	无	无
抗干扰	怕污染	怕污染	怕强磁场	静电干扰	电波干扰	怕污染等	电磁干扰
证卡寿命	较短	较短	短	长	较长	较短	较短
ISO 标准	有	有	有	有，不全	在制定中	有	有

性能	OCR 卡	条码卡	磁卡	IC 卡	RFID 卡	光卡	威根卡
证卡价格	低	低	较高	高	较高	较高	较高
读 / 写速度	写：高 读：低	写：高 读：低	高	较低	较低	高	较高
特点	可读性好	简单可靠，接触识读	可改写	信息安全可靠	可遥读	信息量大	较安全可靠
弱点	抗污染差	抗污染差	寿命短	卡价格高	易受电磁波干扰	表面保护要求高	不便推广应用

（2）密码识别控制系统。

密码识别控制系统是指用密码进行识别，如用数字密码锁开门等。

（3）人体自动识别技术控制系统。

人体自动识别技术控制系统是利用人体生理特征的非同性、不变性和不可复制性进行身份识别的技术，例如人的眼纹、字迹、指纹、声音等生理特征几乎没有相同者，而且也无法复制的这一特征。

任务一　可视对讲系统的连接与调试

一、任务描述

小区各栋楼均需安装系统主机、门锁，每家每户安装了可视分机，通过网络连接器及解码器实现系统主机、分机及管理中心机的三方通话。本任务有以下要求。

（1）认识系统主机、解码器、网络连接器、分机、管理中心机等各类模块的内部结构。

（2）系统主机、分机与管理中心机的连接及调试。

（3）解码器的设置。

（4）三方通话验证，开系统主机门锁验证。

（5）管理中心机的用途与运作原理。

二、知识准备

解码器的设置

（1）解码器内视图如图 4-11 所示。

内视图

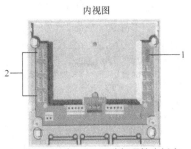

1—编码插针座　2—八路解码输出插座

图 4-11　解码器内视图

使用解码部分时必须先进行解码编号，使用时只有将插针插上短路插块才有效。编码方式按 1 2 4 8 码相加而成。各插针代表数字码号如图 4-12 所示。

图 4-12　解码器各插针代表数字

解码器的 1~8 路输出端口自动对应 1~8 号房间。不规则的房号可通过楼栋主机进行修改。（参照下面单元主机的解码器设置）

例 1：将 1 和 2 位置插上短路插块，表示此解码分配器为 3 号解码分配器（1+2=3），8 路输出端口对应的房号分别为 0301、0302、0303、0304、0305、0306，0307 和 0308。

例 2：将 2、8 和 32 位置插上短路插块，表示此解码分配器为 42 号解码分配器（2+8+32=42），8 路输出端口对应的分别为 4201、4202、4203、4204、4205、4206、4207 和 4208，其余以此类推。

（2）单元主机的解码器设置。

待机状态下先按住 "★" 键，再按住 "#" 键，然后再同时松开两键，中文液晶屏提示 "请输入管理密码"，输入之前最后一次设置的 8 位数字管理密码（若第一次使用则输入出厂初始密码 "20060620"），密码以 "★" 号显示（若输入正确），可进入修改设置程序菜单，液晶屏显示如图 4-13 所示。

选择 3（按 "3" 键）进入解码对房号菜单，修改解码器地址码（解码器输出端口号）与分机之间对应的房号，如图 4-14 所示。

1. 设置基本参数
2. 特殊管理工作
3. 解码器对房号
4. 主人开锁密码

图 4-13　对讲主机程序菜单

解码器　房号
001_0　0101

解码器号
地址码

房号

图 4-14　解码器与房号关系

分别输入要修改的解码器号及其地址码，对应四位数房号自动生成。然后将其改为所需房号，结束后液晶屏显示解码器下一端口号及房号，表示上一个修改已完成，可以继续修改下一房号。重复以上程序，直至编完为止。完成后按 "★" 键返回。

例：一栋楼宇共有 12 层，每层 12 户，每层需要超过一个解码器。为了方便楼层和房号修改，用 1 号解码器负责 1 层 0101~0108 号房；2 号解码器负责 2 层 0201~0208 号房；直至 12 号解码器负责 12 层的 1201~1208 号房。再用 13 号解码器负责 1、2 层的 9~12 号房；14 号解码器负责 3、4 层的 9~12 号；至 18 号解码器负责 11、12 层楼的 9~12 号房。因 1~12 号解码器端口号与实际房号自动对应（如 1 号解码器 001_0~001_7 地址码对应的 1~8 输出端口房号为 0101~0108，与实际房号吻合），不需修改；但 13~18 号解码器负责的房号就要修改（如 13 号解码器 013_0~013_7 地址码对应的 1~8 输出端口房号为 1301~1308，而实际房号为 0109~0112，0209~0212）。按上所述当液晶屏进入到解码器对房号设置程序后输入 "0130"，房号自动显示 1301，如图 4-15 所示。

输入 "0109" 后如图 4-16 所示。

解码器　房号
013_0　1301

图 4-15　13 号解码器房号

解码器　房号
013_1　0109

图 4-16　修改解码器房号

这样，13 号解码器的第 1 个端口已修改成 0109 房号。之后再输入"013_1   0110"（也可按"#"键将光标向右移动四位后，输入"0110"。以下同)、"013_2   0111"、"013_3   0112"，将第 2~4 个输出端口对应房号修改成 0110~0112，再将第 5~8 个输出端口对应房号修改成 0209~0212。这样就能将第 13 号解码器修改完毕。第 14、15、16、17、18 号解码器编法与之相同。

三、设备条件

1. 一套可视对讲系统装置（含 3 个分机、1 个系统主机、1 个解码器、1 个网络适配器、1 个电锁、1 个出门按钮、1 个被动红外、1 个门磁、1 个紧急按钮等)。

2. 导线若干。

3. 万用表 1 个。

四、实施流程

可视对讲系统连接与调试如图 4-17 所示。

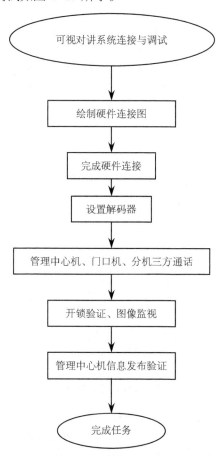

图 4-17　可视对讲系统连接与调试流程图

五、实施步骤

1. 操作前请关闭实训台电源，打开实训装置后部盖板，将装置内部的功能转换模块上所有"演示/实训"开关拨向"实训"位置，"故障/正常"开关全部拨向正常位置。此时系统处于实训状态，各设备的内部硬件连接全部断开。

2. 连接硬件

按照如图 4-18、图 4-19 实训连接图完成硬件连接，为避免不当操作和保证设备安全，请先关闭实训台电源。

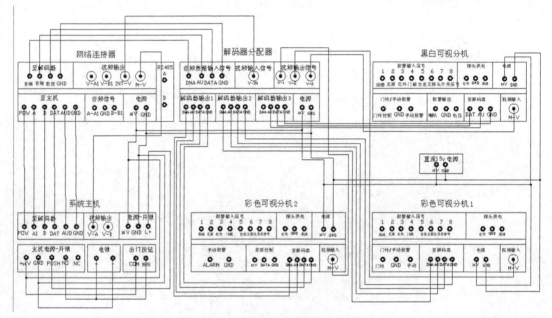

图 4-18　系统主机与分机实训连接图

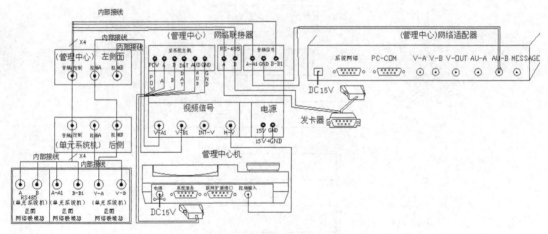

图 4-19　管理中心机实训连接图

（1）按照系统连接图将系统主机与网络连接器连接。

（2）按照系统连接图将系统主机与出门按钮、电锁连接。

（3）按照系统连接图将网络连接器与解码分配器连接。

（4）按照系统连接图将解码分配器与黑白分机、彩色分机 1、彩色分机 2 连接，解码分配器有 8 路输出，可连接任意 1 路。

（5）按照管理中心机实训连接图完成硬件连接。

（6）接好线后，用万用表的二极管挡检测接线的连接状况。

3. 调试系统

（1）设置解码分配器，确定黑白分机、彩色分机 1、2 的硬件地址。比如黑白分机为 103 号、彩色分机 1 为 102 号，彩色分机 2 为 101 号。

（2）将其中一个分机通过系统主机设置软地址。如：将 102 号的彩色分机 1 软件地址设置为 303 号。

（3）按下出门按钮，可以直接开启楼下大门。

（4）系统主机对各分机的呼叫，并能实现双方通话，开单元门电锁。例如：在系统主机键盘上输入"0101"及"#"号键，彩色分机 2 则发出"嘟嘟"的呼叫声，按室内彩色分机 2 的对讲键，可看到系统主机前的图像并可与系统主机实现通话。按室内彩色分机 2 的开锁键，可将单元大门打开。

（5）管理中心机与分机、系统主机之间的呼叫。

① 管理中心机向、分机系统主机呼叫：管理中心机摘机，按"00"键或按住户栋号及楼层号，再按"#"键，可分别呼叫、监视系统主机或住户分机，显示屏显示如图 4-20 所示。

② 系统主机向系统管理中心机呼叫：在系统主机键盘输入"00"以"#"号结束，液晶屏会显示如图 4-21 所示，等待管理中心机摘机通话即可。

呼叫住户请按#键确认
监视大门请按*键确认

00

已呼通户主

2008-05-07   14:56

图 4-20　管理中心机呼叫界面图

您已拨通管理处
请稍等！
2008 年 5 月 7 日　　星期三

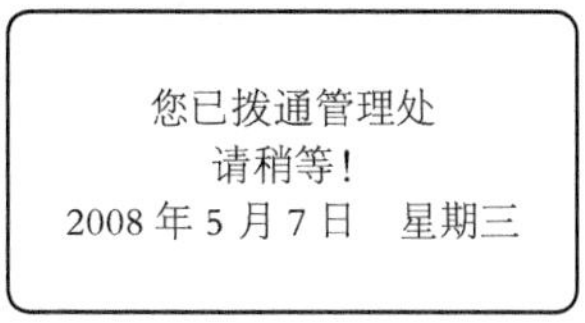

图 4-21　系统主机向系统管理中心机呼叫界面图

（6）分机呼叫管理中心机，监视系统主机画面。例如：触摸室内彩色分机 2 屏幕点亮，单击"监视"，屏幕出现系统主机前的图像。

（7）管理中心机对各分机进行信息发布，在分机上查看信息。

注意：在后面的实训项目中，遇到安装、拆卸和接线等操作时，为避免因不当操作和保证设备安全，请务必关闭实训台电源，确认操作无误后再通电。初次操作时请严格按照操作步骤进行操作，待指导老师确认无误后再通电。

实训（验）项目单

姓名：_____ 班级：_____ 班 学号：_____ 日期：___年___月___日

项目编号		课程名称		训练对象		学时	
项目名称			成绩				
目的							

一、所需工具、材料、设备（5分）

二、实训要求

1. 完成系统主机、3个分机以及管理中心机的三方呼叫。

2. 解码器 1#输出连接黑白分机、2#输出连接彩色分机 1、3#输出连接彩色分机 2。

3. 3个分机号码分别为：202、301、405。

4. 出门按钮、分机、管理中心机均可开启门锁。

三、实训步骤（75分）

1. 绘制硬件连接图。（15分）

项目四　可视对讲与门禁控制系统

2. 完成硬件连接。（15分）

3. 系统调试。（45分）

（1）按下出门按钮，可以直接开启楼下大门。（5分）

（2）系统主机对各分机呼叫，并能实现双方通话，开单元门电锁。（20分）

（3）管理中心机对分机、系统主机呼叫，开单元门电锁。（10分）

（4）分机呼叫管理中心机，监视系统主机画面。（10分）

四、思考题（10分）

1. 解码器的硬件地址与软件地址有何异同？（5分）

2. 三方通话是指哪三方？（5分）

五、实训总结及职业素养（10分）

评语：

教师：　　　　　年　月　日

任务二　室内分机与安防探测器的连接与设置

一、任务描述

　　小区每家每户均安装了对讲分机，有些家庭开始没有意识到防盗报警系统的重要性，没有安装防盗报警系统。但如果再安装一套家庭防盗报警系统会增加很大成本，而且线路敷设很麻烦。本任务要学习利用对讲分机与防盗报警探测器的连接，实现防盗报警功能。本任务有以下要求。

　　（1）黑白分机、彩色分机与安防探测器的硬件接线方式。

　　（2）黑白分机、彩色分机的设防、撤防方法。

二、知识准备

1．分机探测器的连接

　　分机可以连接 8 组防盗报警探测器，其中有些是开路 NO 式（无报警时控制触点常闭，报警时控制触点断开），有些是开路 NC 式（无报警时控制触点常开，报警时控制触点接通）。当防盗报警探测器报警方式为 NO 式时，应在触点间串接一个 2.2KΩ电阻，如图 4-22 所示；当防盗报警探测器报警方式为 NC 式时，应在触点间并接一个 2.2KΩ电阻，如图 4-23 所示。

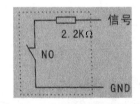

图 4-22　NO 式防盗报警探测器的连接

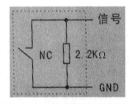

图 4-23　NO 式防盗报警探测器的连接

　　连接电阻时应将电阻连在靠近探测器触点端，这样可使分机探测器在遭到强行拆卸时能正常发出报警声。每组探测器端口可接多个相同的探测器探测多个地点。NO 式防盗报警探测器报警触点串联连接，如图 4-24 所示；NC 式防盗报警探测器报警触点并联连接，如图 4-25 所示。在连接中相同的一组探测器无论连接多少，只需其中一个增加电阻即可。

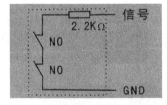

图 4-24　分机多个探测器串联的连接

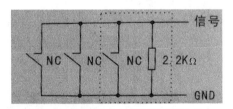

图 4-25　分机多个探测器并联的连接

2．彩色分机的安防设置

（1）布防。

　　触摸室内彩色分机屏幕，屏幕点亮，单击"安防"，出现密码对话框，如图 4-26 所示。输入维护密码"20050101"（彩色分机 1）或"12345678"（彩色分机 2），进入防区设置界面，如图 4-27 所示。

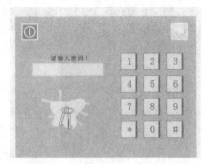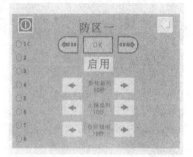

图 4-26 彩色分机 1 密码对话框　　　　图 4-27 防区设置界面

界面左边 3 代表红外防区，移动箭头选择 3 防区，选择"启动"按钮，数字旁边的指示灯从透明色变绿色。

按 ← 或 → 对该防区的警铃延时时间、上报管理中心的时间及布防延时时间进行设置，完成后单击"OK"，屏幕显示如图 4-28 所示。

2s 后返回防区设置界面，按 □ 出界面。

（2）撤防。

① 无警情时，选择"安防"图标，输入维护密码"20050101"（彩色分机 1）或"12345678"（彩色分机 2），显示屏显示如图 4-29 所示。

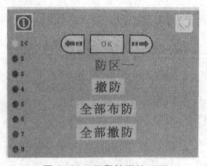

图 4-28 布防设置　　　　图 4-29 无警情撤防画面

选择 3 号防区，单击"撤防"，对应指示灯由黄色变为绿色，按钮由"撤防"变"布防"，即表示该防区被成功撤防。

② 有警情时，在设定的室内分机发出警报声时，显示屏点亮，被触发的防区指示灯变成红色，并以红色字体提示该防区被触发，按撤防键，输入布撤防密码，即可撤防，如图 4-30 所示。

图 4-30 有警情撤防画面

3．黑白分机的安防设置

（1）设防设置。

按"布/撤防"键，分级发出"嘀嘀"两声，在正确的提示音后的3s之内必须输入布防的防区号：1——烟感、2——瓦斯、3——红外、4——门磁、5～8——自定义。输入完后发出"嘀嘀"两声，同时所对应的防区灯闪烁，30s后进入布防状态。

（2）分机警情处理。

当警情被触发后，住户可按"布/撤防"键，再输入密码"12341234"进行撤防。若管理中心机没收到报警，分级每隔30s会报警一次。

三、设备条件

1．可视对讲与门禁控制系统实训装置一套。

2．便携式万用表、一字螺丝刀、十字螺丝刀。

3．插接线一套、导线若干。

四、实施流程

室内分机安防探测器的连接与设置流程如图4-31所示。

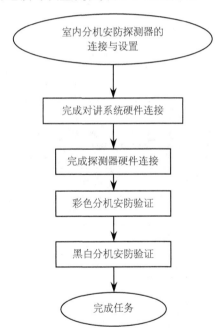

图4-31　室内分机安防探测器的连接与设置流程图

五、实施步骤

1．操作前请关闭实训台电源，打开实训装置后部盖板，将装置内部的功能转换模块上除了"彩色分机部分"的所有"演示/实训"开关拨向"实训"位置，"故障/正常"开关全部拨向"正常"位置。

2．按照任务一对讲系统连接图（图4-17和图4-18）完成对讲系统的硬件连接。

3．对讲分机与探测器的实训连接图

（1）黑白分机与安防探测器的连接图如图4-32所示。

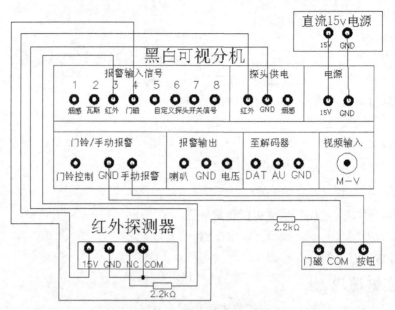

图 4-32 黑白分机与安防探测器的连接图

（2）彩色分机与安防探测器的连接图如图 4-33 所示。

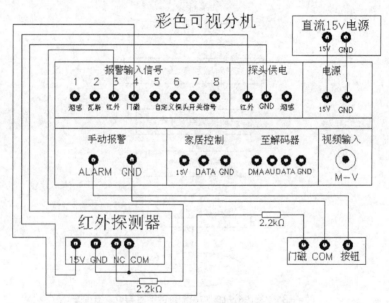

图 4-33 彩色分机与安防探测器的连接图

注意：若探测器以常开报警式则接线时需并联一个 2.2kΩ 电阻。

若探测器以常闭报警式则接线时需串联一个 2.2kΩ 电阻。

4. 完成室内彩色分机、黑白分机与安防探测器硬件连接。

5. 验证彩色分机探测器的安防作用，先对各个探测器进行布防，然后触发各个探测器，验证探测器的报警响应。

6. 验证黑白分机探测器的安防作用，先对各个探测器进行布防，然后触发各个探测器，验证探测器的报警响应。

实训（验）项目单

姓名: _____ 班级: _____ 班　学号: _____ 日期: ___年___月___日

项目编号		课程名称		训练对象		学时	
项目名称				成绩			
目的							

一、所需工具、材料、设备（5分）

二、实训要求

1. 完成一个黑白分机、一个彩色分机及系统主机、管理中心机的硬件连接。
2. 完成分机与探测器的硬件连接。
3. 完成彩色分机的防区设置及验证。
4. 完成黑白分机的防区设置及验证。

三、实训步骤（75分）

1. 绘制的硬件连接图。（15分）

2. 硬件连接。（15分）

3. 彩色分机 1、彩色分机 2 的防区设置及验证。（20分）

4. 黑白分机的防区设置及验证。（15分）

四、思考题（10分）

1. 举例说明彩色分机各探测器端口应分别连接什么探测器？（5分）

2. 分机探测器报警如何在管理中心机上撤防？（5分）

五、实训总结及职业素养（10分）

评语：

教师：　　　　　　年　　月　　日

任务三　管理中心软件的使用及门禁 IC 卡的登记与使用

一、任务描述

在小区管理处不仅有管理中心机与各栋楼系统主机、各家各户的分机进行呼叫交流，而且小区管理处均会安装管理中心软件进行住户管理，同时各栋楼系统主机具有门禁功能。管理处的财务室、经理室安装门禁控制系统，均可通过门禁 IC 卡进出。本任务有以下要求。

（1）管理中心软件的用途与运作原理。

（2）管理中心软件使用方法。

（3）门禁 IC 卡的用途与运作原理。

（4）门禁 IC 卡的使用方法。

二、知识准备

1. 管理中心软件的使用

（1）功能界面。

以管理员身份登录后，在软件菜单栏的设置里，选择"系统参数"，出现如图 4-34 所示界面进行操作。

图 4-34　系统参数设置

① 按需求将栋号设置（默认为全数字）。

② 在短信输出方式中选择 神龙五VOD解压卡 。

③ 栋号位数按需求选择（默认为 2 位）。

④ 将 关闭视频采集卡 上的钩去掉。

⑤ 存盘，重启软件即可。

（2）登录软件。

正常情况下，启动后计算机出现 WRTR2 界面，如图 4-35 所示。

在界面中央有一个"操作登录"窗口，必须输入编号和口令进行登录。也就是说 WRTR2 只有在登录之后才能正式启用。

在编号框和口令框填入正确的编号（初始值为 1）和口令（口令区分大小写，初始值为 123），单击"确认"按钮，登录窗口消失，即可选择相应菜单进行操作。

WRTR2 系统总共提供 15 个主菜单，根据需求可进行选择。其中设置、值班、住户、安防对讲、视频、巡更、短消息、数字短信和帮助等为基本菜单（默认），其余（如一卡通功能模块）项需要用户提出申请方可具备。任意单击某一主菜单，可打开该菜单下的子菜单。在子菜单中有些命令为灰色，只有管理员登录后才能使用，可从值班菜单下的"管理员登录"中进行登录。

2．界面工具使用

（1）通话。

在 WRTR2 的主界面中，选择"通话"按钮，系统弹出如图 4-36 所示的拨号器，输入住户的楼层房号，再单击"拨出"按钮即可呼叫住户家庭的对讲分机。楼、层、房号都可用两个字符代表。其中层号一律用两位数字符号。楼号、房号可以有英文字母，如要与 A 栋 63 层 H 房的住户通话。输入"A63H"、"A630H"、"0A630H"都可代表同一住户地址。全数字地址如 1 号楼 63 层 8 号房也可用"016308"、"16308"或"01638"来表示。

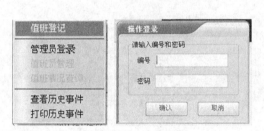

图 4-35　WRTR2 界面

图 4-36　拨号器

（2）开锁。

界面操作与通话类似。只是输入时仅输入系统主机所在的楼号即可。楼号的输入要求与"通话"一样。

（3）监听。

与中心开锁的操作一样。只有来访者在系统主机与住户通话时，中心才能监听到谈话。

（4）监视。

当楼宇对讲网络的视频线接入计算机后，选择要监视的主机所处的楼栋号和编号，计算机便能显示相应出入口处的视频情况。单击 "监视"按钮或"视频监视"图标，出现窗口，输入监视的栋、门号，单击"拨出"，监视窗口即打开，显示系统主机图像。

（5）接受系统主机呼叫。

在系统主机上按下"1#"即可呼叫管理中心，显出如图 4-37 所示画面。

① 管理人员按"摘机"按钮可与访客通话。此时，"开锁"和"退出"按钮有效。

② 管理人员按"开锁"按钮可以为访客打开系统主机处的电控锁。管理人员按"退出"按钮可以退出通话状态。

（6）接受分机呼叫。

在分机上直接按下"管理处"即可呼叫管理中心。当有分机呼叫时，管理中心会显出如图4-38所示画面，管理人员摘机，可点取相应按钮为住户提供"托管"、"解除托管"、"恢复分机密码"、"更改门禁密码"等服务。管理人员按"退出"按钮可退出通话状态。

图4-37 门口机（系统主机）呼叫管理中心

图4-38 住户分机呼叫管理中心

（7）接受分机报警。

当分机连接了探测器，并处于设防状态时，若有分机探测器报警，管理中心会显出报警分机的报警地址、报警时间及报警的警种，如图4-39所示画面，管理人员可单击"处理"按钮，然后在处理意见的下拉选项中选择处理意见，最后按"确定"按钮即可。

若在此期间有多个警情，管理人员可继续处理其他警情。

管理人员在有报警时也可单击"回呼"按钮呼叫报警住户，询问具体情况。管理人员还可以单击"查看地图"按钮可打开电子地图，查看报警住户所处的位置。

（8）短信息。

"短消息"菜单共有公共信息（系统主机）、个人信息、清除公共信息、住户信息（分机）、存储信息（录像）、LED电子屏信息、托管录像短信管理返7个子菜单。

住户信息主要由住户的可视分机接收。单击打开"住户信息（分机）"窗口，从模板的下拉选项中选择合适的信息或在编辑框中编辑好信息内容，再选择信息发送的目的地，若具体到某栋或某户时，还要填写楼栋号或房号，最后按"发送"按钮即可将信息发送至用户的分机上，如图4-40和图4-41所示。同时，住户外出时，可以将分机托管，托管后有人呼叫分机时，会直接接通管理中心，如图4-41所示。

图4-39 报警处理

图4-40 公共信息

3．一卡通

"一卡通"共有登记、门口机消卡、围墙机消卡、巡更卡/门禁消卡、门禁校时、门禁数据备份与恢复6个子菜单，如图4-42所示。

图 4-41　托管界面

图 4-42　一卡通菜单

登记小区内用户 IC 卡或指纹信息。单击"登记",弹出"发卡"窗口,如图 4-43 所示。在图中可以选择使用者身份、使用目的地、有效日期等信息。按实际需要在"有效日期"、"使用者身份"等栏进行相应项的填写。当所有项填完后,单击"登记"按钮,然后进行 IC 卡信息的录入过程,登记完成后,系统会提示登记成功。若有住户迁出或将卡丢失,则要进行消卡,消卡界面如图 4-44 所示。

图 4-43　发卡界面

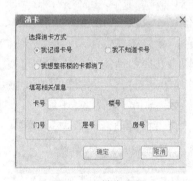

图 4-44　消卡界面

三、设备条件

1. 可视对讲与门禁控制系统实训装置。
2. 可视对讲与门禁管理中心系统实训装置。
3. PC 机(带有智能小区管理软件)。
4. 便携式万用表、一字螺丝刀、十字螺丝刀。
5. 插接线一套、导线若干。

四、实施流程

管理中心软件的使用及门禁 IC 卡的登记与使用流程如图 4-45 所示。

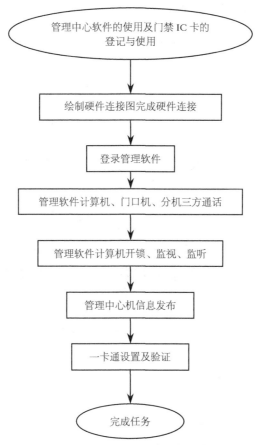

图 4-45　管理中心软件的使用及门禁 IC 卡的登记与使用流程图

五、实施步骤

1. 参考任务一图 4-17 及图 4-18、任务二图 4-24 及图 4-25 连接图完成一个彩色分机（另两个分机可以不连接）的单元可视对讲系统及探测器硬件连接。

2. 按照对讲与门禁控制系统与可视对讲与门禁管理中心连接图如图 4-46 所示完成硬件连接。

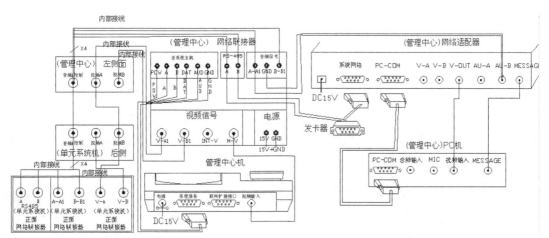

图 4-46　对讲与门禁控制系统与可视对讲与门禁管理中心连接图

3. 按照门禁控制系统连接图如图 4-47 所示完成门禁部分硬件连接。

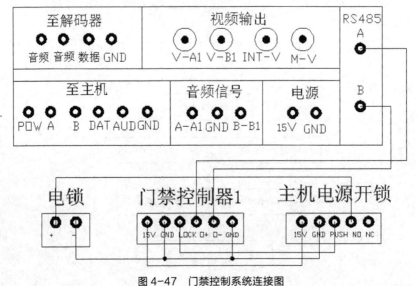

图 4-47　门禁控制系统连接图

4. 登录管理软件。
5. 管理中心呼叫系统主机。
6. 系统主机、室内分机呼叫管理中心。
7. 管理软件对单元系统主机进行开锁、监视、监听。
8. 管理软件对室内分机进行短信发送，并在分机上查询信息。
9. 管理软件响应室内分机报警信息。
10. 进行 IC 卡的登记。设置一个出入口对应一张 IC 卡，即一张卡开一个门禁。另外再设置一张卡可以开启所有门禁的万能卡。将登记好的 IC 卡放在对应登记授权的系统主控制器进行开门实验。

实训（验）项目单

姓名：_____ 班级：_____班 学号：_____ 日期：___年___月___日

项目编号		课程名称		训练对象		学时	
项目名称			成绩				
目的							

一、所需工具、材料、设备（5分）

二、实训要求

1. 参照任务一、任务二完成一个分机的可视对讲及安防系统硬件连接及调试。
2. 完成门禁控制系统硬件连接。
3. 完成分机、系统主机、管理中心三方通话。分机能进行托管。
4. 管理中心能对分机发布"因供电抢修，今晚（7月19日）23：00–明天（7月20日）5：00停电。"信息，并能在分机上查看。
5. 设置一张开启两扇门的IC卡，出门按钮、管理软件、IC卡均可开始开启相应门锁。

三、实训步骤（75分）

1. 绘制硬件连接图。（10分）

2. 完成硬件连接。（10分）

3. 系统调试。（55分）

（1）管理中心呼叫系统主机。（5分）

（2）系统主机、室内分机呼叫管理中心。分机可进行托管。（10分）

（3）管理中心对单元系统主机进行开锁、监视、监听。（10分）

（4）管理中心对室内分机进行短信发送，并在分机上查询信息。（10分）

（5）管理中心响应室内分机报警信息。（10分）

（6）IC卡的登记及验证。（10分）

四、思考题（10分）

1. 系统主机呼叫管理中心机的指令是什么？系统主机呼叫管理中心的指令是什么？（5分）

2. 门禁控制器的地址是如何分配的？（5分）

五、实训总结及职业素养（10分）

评语：

教师：　　　　　　年　　月　　日

停车场管理系统作为现代化大厦和住宅小区高效、科学管理所必需的手段，已在国外普遍采用。国内随着国民经济的不断发展，现代化的大厦和小区日益增多，需要先进的停车管理手段与之配套，而传统的停车场人工管理，无法满足当今高效、快节奏市场经济社会的需求。

根据建筑设计规范，大型建筑必须设置汽车停车场，以满足交通组织需要，保障车辆安全，方便公众使用。对于办公楼，按建筑面积计每 10 000m² 需设置 50 辆小型汽车停车位；住宅为每 100 户需设置 20 个停车位；对于商场，则按营业面积计每 1 000m² 需设置 10 个停车位。

为了使地面有足够的绿化面积与道路面积，同时保证提供规定数量的停车位，多数大型建筑都在地下室设置停车场。当停车场内的车位数超过 50 个时，往往需要考虑建立停车场管理系统，又称停车场自动化系统（Parking Automation System，简称 PAS），以提高停车场管理的质量、效益和安全性。

【项目知识】

一、停车场车辆管理系统功能

（1）车辆驶近入口时，可看到停车场指示信息标志，标志显示入口方向与车库内空余车位的情况。若车库停车满额，则车满灯亮，拒绝车辆入库；若车库未满，允许车辆进库，但驾车人必须购买停车票卡或专用停车卡，通过验读机认可，入口电动栏杆升起放行。

（2）车辆驶过栏杆门后，栏杆自动放下，阻挡后续车辆进入。进入的车辆可由车牌摄像机将车牌影像摄入并送至车牌图像识别器形成当时驶入车辆的车牌数据。车牌数据与停车凭证数据（凭证类型、编号、进库日期、时间）一齐存入管理系统计算机内。

（3）进库的车辆在停车引导灯指引下，停在规定的位置上。此时管理系统中的显示器上显示该车位已被占用的信息。

（4）车辆离库时，汽车驶近出口电动栏杆处，出示停车凭证并经验读器识别出行的车辆的停车编号与出库时间，出口车辆摄像识别器提供的车牌数据与验读器读出的数据一起送入管理系统，进行核对与计费。若需当场核收费用，由出口收费器（员）收取。手续完毕后，出口电动栏杆升起放行。放行后电动栏杆落下，车库停车数减去一，入口指示信息标志中的停车状态刷新一次。

通常，有人值守操作的停车场管理系统称为半自动停车场管理系统。若无人值守，全部停车管理自动进行，则称为自动停车场管理系统。

二、停车场车辆管理系统的组成

停车场管理系统本质上是一个分布式的集散控制系统，其组成一般分为三个部分，如图5-1所示。

（1）车辆出入的检测与控制，通常采用环形感应线圈方式或光电检测方式。

（2）车位和车满的显示与管理，它可有车辆计数方式和车位检测方式等。

（3）计时收费管理分为无人的自动收费系统和有人管理的收费系统。

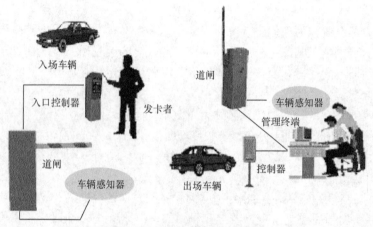

图 5-1　停车场管理系统示意图

三、停车场车辆管理系统的主要设备

停车场管理系统的主要设备有：出入口票据验读器、电动栏杆、自动计价收银机、车牌图像识别器、管理中心等。

1. 出入口票据验读器

由于停车人有临时停车、短期租用停车位与停车位租用权人三种情况，因而对停车人持有的票据卡上的信息要作相应的区分。

停车场的票据卡有条形码卡、磁卡与IC卡三种类型。因此，出入口票据验读器的停车信息阅读方式有条形码读出、磁卡读写和IC卡读写三类。无论采用哪种票据卡，票据验读器的功能都是相似的。

对入口票据验读器，驾驶人员将票据送入验读器，验读器根据票据卡上的信息，判断票据卡是否有效。票据卡有效，则将入库的时间（年、月、日、时、分）打入票据卡，同时将票据卡的类别、编号及允许停车位置等信息储存在票据验读器中并输入管理中心。此时电动栏杆升起车辆放行。车辆驶过入口感应线圈后，栏杆放下，阻止下一辆车进库。如果票据卡无效，则禁止车辆驶入，票据验读器发出报警信号。某些入口票据验读器还兼有发售临时停车票据的功能。

对于出口票据验读器，驾驶人员将票据卡送入验读器，验读器根据票据卡上的信息，核对持卡车辆与凭该卡驶入的车辆是否一致，并将出库的时间（年、月、日、时、分）打入票据卡，同时计算停车费用。当合法持卡人支付结清停车费用，电动栏杆升起车辆放行。车辆驶过出口感应线圈后，栏杆放下，阻止下一辆车出库。如果出库持卡人为非法者（持卡车辆与驶入车辆的牌照不符合或票据卡无效），票据验读器立即发出告警信号。如果未结清停车费用，电动栏杆不升起。有些出口票据验读器兼有收银 POS 的功能，如图 5-2 所示。

2．电动栏杆

电动栏杆由票据验读器控制。如果栏杆遇到冲撞，票据验读器立即发出告警信号。栏杆受汽车碰撞后会自动落下，不会损坏电动栏杆机与栏杆。栏杆通常为 2.5 米长，有铅合金栏杆，也有橡胶栏杆。另外，考虑到有些地下车库入口高度有限，也有将栏杆制造成折线状或伸缩型，以减小升起时的高度，如图 5-3 所示。

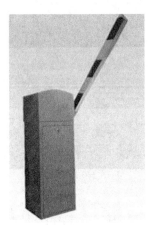

图 5-2　出入口票据验读器　　　　　　　　图 5-3　电动栏杆

3．自动计价收银机

自动计价收银机根据停车票据卡上的信息自动计价或向管理中心取得计价信息，并向停车人显示。停车人则按显示价格投入钱币或信用卡，支付停车费。停车费结清后，则自动在票据卡上打入停车费收讫的信息。

4．车牌图像识别器

车牌识别器是防止偷车事故的保安系统。当车辆驶入车库入口，摄像机将车辆外形、色彩与车牌信号送入电脑保存起来，有些系统还可将车牌图像识别为数据。车辆出库前，摄像机再次将车辆外形、色彩与车牌信号送入电脑与驾车人所持票据编号的车辆在入口时的信号相比，若两者相符合即可放行。这一判别可由人工按图像来识别，也可完全由计算机操作，如图 5-4 所示。

5．管理中心

管理中心主要由功能较强的 PC 机以及打印机等设备组成。管理中心可作为一台服务器通过总线与下属设备连接，交换营运数据。管理中心对停车场营运的数据作自动统计、档案保存、对停车收费账目进行管理；若人工收费时，其则监视每一收费员的密码输入，打印出收费的班报表；管理中心可以确定计时单位（如按 0.5 小时或 0.25 小时计）与计费单位（如 2 元/0.5 小时）；并且其可设有密码阻止非授权者侵入管理程序。管理中心的显示器具有很强的图形显示功能，能把停车库平面图、泊车位的实时占用、出入口开闭状态以及通道封锁等情况在屏幕上显示出来，便于停车库的管理与调度。车库管理系统的车牌识别与泊位调度的功能，有不少是在管理中心的计算机上实现的。

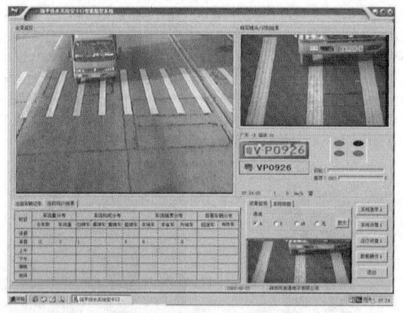

图 5-4 车牌图像识别器软件界面

任务一　一进一出停车场管理系统的组装与调试

一、任务描述

在进行智能建筑安全防范系统设计与管理工作中，停车场管理系统的组装、调试与维护是必需的工作任务。小区有地下停车场、地面停车场，需要对停车场系统进行硬件的连接、系统管理、数据查询、车辆管理及自动收费，同时，完成一进一出停车场管理系统的组装与调试。本任务有以下要求。

（1）停车场管理系统服务器及客户端的硬件组装与软件安装。

（2）控制器参数设置与通信调试。

（3）停车场管理系统客户管理与收费参数设定。

（4）停车场管理系统硬件及软件基本操作。

二、知识准备

1. 服务器软件安装

基于 Windows 2000 及以上的工作站系统：先安装 SQL Server 2000 光盘中的"Msde"文件夹中的内容（运行 Setup 程序），完成后再进行与"服务器版"相同的安装操作，在计算机提示"只能安装客户端工具"时予以确认，再按照其提示安装。注意：安装完成重新启动计算机后，任务栏上的图标内会显示一个绿色小三角形表示 SQL Server 服务已经启动运行。若图标内有一个红色正方形，则表示 SQL server 服务已停止或未运行。用鼠标右键单击该图标，在其弹出的菜单中选择"打开 SQL Server 服务管理器"，手工启动 SQL Server 服务，并单击上"当启动 OS 时自动启动服务"，这样下次启动计算机时即可自动启动 SQL Server 服务，如图5-5所示。

2. 建立数据库，注册服务器

从"开始"—"程序"中打开 SQL Server Enterprise Manager（企业管理器）程序，在"SQL

Server 组"上单击鼠标右键，在弹出的菜单中选"新建 SQL Server 注册"。

在弹出对话框中的 Server 后输入服务器的计算机名（服务器版 SQL Server）或本身的计算机名（桌面版 SQL Server），然后选择登录方式。服务器版 SQL Server 采用 Windows 身份认证登录，而桌面版 SQL Server 只能采用 SQL Server 认证登录，且使用 SQL Server 本身内置的超级用户 sa。再单击"确定"即可增加一个新的 SQL Server 服务器。注意：一台 SQL Server 服务器必须且只需注册一次，如图 5-6 所示。

图 5-5　SQL Server 服务管理器

图 5-6　系统注册

在已经注册好的 SQL Server 服务器下的 Databases（数据库）上单击鼠标右键，选择 New Database...（新建数据库），如图 5-7 所示。在新弹出的对话框中的"名称"后输入一卡通数据库名称及数据文件存放路径与事物日志文件存放路径后，再单击"确定"即可。此时建立了一个只有系统资料而无用户资料的空数据库。

注意：一般将数据库文件和事物日志文件的存放路径设置在安全的非操作系统盘目录下。防止因操作系统的崩溃而丢失数据。

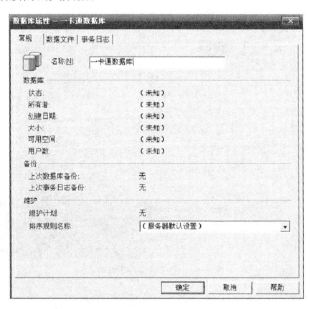

图 5-7　建立数据库

选中刚建立的数据库，再选择"工具"菜单下的"SQL 查询分析器"，如图 5-8 所示。打开安装盘中的"ykt2008V1.0.sql"数据库脚本，直接复制到"SQL 查询分析器"中，按 F5 键运行即可。

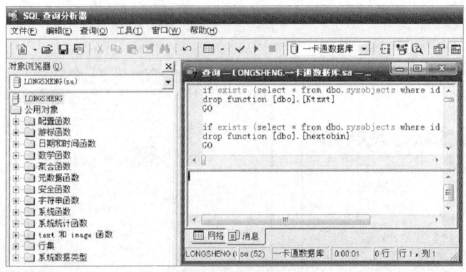

图 5-8　SQL 查询分析器

3．设备管理

（1）停车场设置。

停车场管理模型也是由大到小的一个多级结构，划分为车场、岗亭、控制器三个管理元素，以下简称管理元素。系统可以管理多个车场，每个车场由一个或多个岗亭控制，每个岗亭由若干控制器构成，每个控制器以机号来体现。单击菜单"控制机管理"—"停车场设置"，示例如图 5-9 所示。

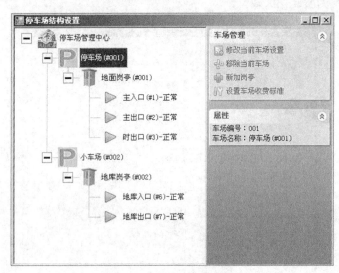

图 5-9　停车场结构设置界面

选择某个配置元素，用鼠标右键或者右侧的管理面板实现各个功能的配置。具体如下所述。

① 可以修改当前位置的设置，编号不可修改。

② 可以删除当前选择的元素（注：若当前元素还有子元素时，子元素也将被删除）。

③ 可以创建当前元素的下级元素，控制机号不能创建下级元素。

④ 收费标准在停车场元素上设置。

（2）创建新的停车场。

在停车场管理节点上单击鼠标右键，执行  新增停车场 菜单命令，弹出停车场参数编辑窗口，如图 5-10 所示。注：车场类型有大车场和小车场两个选择。一般来说，只有在需要车场嵌套时才使用大小车场，大车场对应外层车场，小车场对应内层车场；没有嵌套车场时都选为大车场即可。

（3）创建新的岗亭。

可以为一个车场创建一个或多个岗亭。在要为其创建的岗亭的车场节点上单击右键，执行 新建岗亭 菜单命令，或者在右侧面板单击 新加岗亭 按钮，在弹出的"岗亭资料"编辑框里填写好岗亭编号和岗亭名称后，按回车键即可保存配置。岗亭编号为统一编号，不可重复，如图 5-11 所示。

　　图 5-10　车场资料编辑　　　　　　　图 5-11　设置岗亭

（4）创建车场控制器。

一个岗亭可以创建多个车场控制器。一般情况下，每个车场控制器实行单通道管理，如管理一个入口或是出口。创建方式为：在岗亭上单击右键，执行 新增控制机号 菜单命令，或者在右侧面板上单击 新增控制机号 按钮，弹出编辑控制器参数窗口。在编辑窗口中，机号为主控器的编号，为整数，范围介于 1~127 之间；预留机号指当前没有配置的控制器，但以后会增加此设备，预留时卡片可对此控制器进行授权，设备新增后即可直接使用。参数填写完成后单击确定即可，如图 5-12 所示。当控制器采用 TCP/IP 控制器时，需配置控制器 IP 地址，设备 IP 地址只有服务端通信方式设置成 TCP/IP 模式时才会显示。

（5）修改各元素的配置信息。

要修改停车场、岗亭、控制器的配置参数信息时，只需选中要修改的项目后，执行右键菜单的修改命令，弹出修改编辑窗口后，参数的设置同新增原则一样，但编号是不可修改的。

（6）删除元素。

删除将使配置信息从系统中移除，且不可恢复。删除时有确认提示，且会级联删除其下的项目。例如，当删除停车场节点时，该车场下的岗亭配置也会被自动删除，岗亭属下的控制器配置信息也会被自动删除，故删除要慎用。

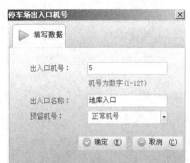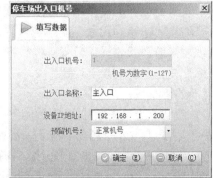

图 5-12　停车场出入口机号设置

（7）收费标准设置。

目前支持的收费标准包括：停车按小时收费、分段收费、深圳收费、按半小时收费、简易分段收费、分段按小时收费、无分段按半小时收费、可分段按半小时收费 8 种。

收费标准设置原则有以下两点。

① 每个车场可以设置各自不同的收费标准。

② 每种卡类可以设置各自不同的收费标准。

收费标准设置操作按以下步骤。

选中要设置的车场后单击鼠标右键，执行 | 设置车场收费标准 |，或者单击右侧面板的 设置车场收费标准 按钮，弹出收费标准类别选择提示框，点选卡片业务类型及其某一项具体的收费标准后单击确定，弹出该项收费标准的详细设置结果。每种卡类都可以设置不同的收费标准。

注意：若是系统没有设置收费标准，则会弹出"还没有为该卡类设置收费标准"的提示信息，如图 5-13 所示。

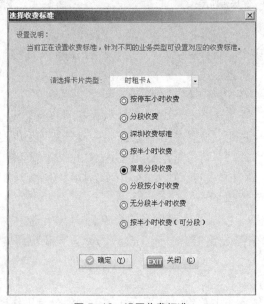

图 5-13　设置收费标准

在各款收费标准的设置中，都有货币单位的选择，元还是角，也可以单击默认值，系统自动全部填上初始值。

三、设备条件

1. 入口控制机组件（控制板、语音板、状态板）。
2. 出口控制机组件（控制板、语音板、状态板）。
3. 出入口控制机显示屏。
4. 停车场模拟出入口实训组。
5. 停车场管理软件（配套含车牌识别、集成接口）。
6. 万用表、连接导线。

四、实施流程

一进一出停车场管理系统的组装与调试流程如图 5-14 所示。

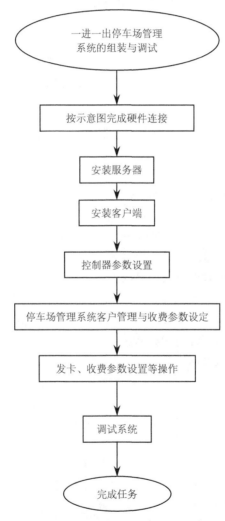

图 5-14　一进一出停车场管理系统的组装与调试流程图

五、实施步骤

1. 硬件连接

系统结构示意图如图 5-15 所示。按照示意图完成一进一出一套停车场的硬件连接。

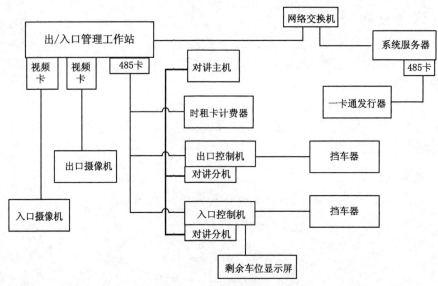

图 5-15　停车场系统结构示意图

2．安装服务器

确定系统配置—安装 SQL Server 2000—注册服务器（名称：TCC-1S）—建立数据库—设置数据库—自动备份数据库。

3．安装客户端

确定系统配置—安装 F6 客户端应用软件。

4．控制器参数设置

按照图 5-14 所示设置（入口控制器地址为 1、出口控制器为 2、临时发卡器为 3）。注意：在设置参数时 485 通信只能同时接一个控制器。

5．停车场管理系统客户管理与收费参数设定步骤

（1）新建停车场：创建停车场—创建岗亭—创建入口—创建出口。

（2）设置收费参数，设置要求：半小时免费，第 1 小时 5 元，每超半小时加 2 元。注意：新的控制器设备地址要与控制器设置的参数一致。

6．发卡、收费参数设置等操作

7．调试系统

实训（验）项目单

姓名：_____ 班级：_____ 班 学号：_____ 日期：___年___月___日

项目编号		课程名称			训练对象		学时	
项目名称				成绩				
目的								

一、所需工具、材料、设备（5分）

二、实训要求

1. 根据系统结构示意图组装一套一进一出停车场管理系统。

2. 根据设备安装与布线路由环境进行停车场管理系统服务器（名称：TCC-2S）及客户端硬件组装与软件安装。

3. 完成控制器参数设置、通信调试、发卡（时租卡2张、月卡1张）、客户管理（user1、admin2）、权限设置（普通收费用户、系统管理员）和收费参数设定（15分钟免费，第1小时10元，每超半小时加3元）。

4. 通过车辆进出场示范操作验证系统功能。

三、实训步骤（75分）

1. 绘制硬件连接系统图。（10分）

2. 完成硬件连接。（10分）

3. 安装服务器。（5分）

4. 安装客户端。（5分）

5. 控制器参数设置。（10分）

6. 停车场管理系统客户管理与收费参数设定。（15分）

7. 发卡、收费参数设置等操作。（10分）

8. 调试系统。（10分）

四、思考题（10分）

1. 简述停车场月卡汽车进入流程。（5分）

2. 收费设置有哪几种。（5分）

五、实训总结及职业素养（10分）

评语：

教师：　　　　　　　年　月　日

任务二　一卡通管理中心软件操作与数据管理

一、任务描述

在进行智能建筑安全防范系统管理与设计工作中，停车场管理系统的组装、调试与维护是必须的工作任务。如对停车场系统软硬件的连接、系统管理、数据查询、车辆管理及自动收费，就必须进行一卡通管理中心软件操作与数据统计、报表、备份管理。本任务提出如下要求。

（1）停车场系统卡的发行。

（2）停车场系统的数据查询。

（3）停车场系统发行器的参数设置。

二、知识准备

1．一卡通管理系统

（1）拓扑结构说明。

一卡通管理系统运行于局域网模式下。一卡通管理系统拓扑图如图5-16所示。各子系统的管理软件安装在工作站端，通过局域网交换机与服务器进行通信，数据统一由服务器数据库进行管理。除巡更管理系统外，各子系统均由通信适配器与其下位机进行连通。

（2）拓扑结构特点。

① 各个子系统自由选配，一卡通的各个子系统除了"管理中心"必须配置外，其他均可以根据需要选配。

② 一卡通系统规模较大时，如多个管理中心、多个门禁系统工作站、多个停车场系统工作站等，即同类工作站有多个，服务器也可以设立多台，即服务器组，如由一台服务器管理用户、系统安全等，由另外一台服务器管理数据库，甚至由多台服务器构成分布式数据库。

③ 一卡通系统规模较小，工作站的系统资源又很充足时，多个工作站可以使用同一台管理计算机，或者工作站和数据库同时使用一台计算机。最小的一卡通系统可以由一台计算机进行管理。

④ 硬件设备可以复用多个子系统由同一台计算机进行管理时，该电脑配备的通信适配器与发行器可以被所有子系统复用，即多个子系统只需要配置一个通信适配器和一个发行器。

2．一卡通管理软件

软件的网络架构为C/S架构，如图5-17所示。C/S（Client/Server）架构，即客户机/服务器模式，用于局域网，将软件的计算和数据合理地分配于客户机和服务器两端，有效地降低了网络通信量和服务器运算量。

整个一卡通系统软件运行于C/S网络架构，服务器端安装一套基于SQL Server 2000后台数据库的服务软件，运行于Windows 2000/Windows XP等操作系统下，存储并管理所有数据，接收工作站端的指令，进行实际的运算处理，并将结果返回到工作站。

工作站端运行于Windows 2000/Windows XP系统下，提供人机交互接口，完成日常事务/管理的具体操作。为了维护知识产权，每台工作站必须配置软件狗才能运行。

（1）出入管理。

出入管理功能是停车场管理软件的最重要环节，负责管理车辆进出功能，包括进出车辆的图像、相关信息及收费状态等，因此岗亭操作员需要对此功能进行详细了解。

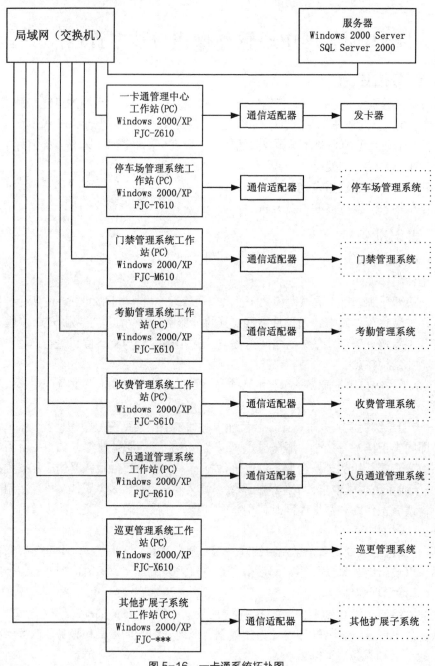

图 5-16　一卡通系统拓扑图

在进入出入管理功能过程中，系统会对有效卡号、黑白名单进行处理，并且还会对所有控制器进行记录的提取，以便进入出入管理后处理实时的数据。软件界面是根据检测所安装的视频卡的数量启动视频卡（目前只支持 2 张 1 路的视频卡），因此在界面共有 4 个图像窗口，上面 2 个为实时监控的动态图像，下面 2 个为上面 2 个监控口在刷卡时抓拍的静态图像，供图像对比时使用，如图 5-18 所示。管理员可以根据图像对比来判断进出的车辆是否为同一辆车。如果安装的 2 张 4 路的视频卡，则在上面 2 个实时监控的动态图像栏中，每个分成 4 个动态图像栏。如果是带司机照片抓拍功能则在下面 2 个图像栏上每个叠加一个司机图像栏。

图像中间为数据显示栏，实时显示当前刷卡数据，左边为入场时刷卡的数据与场内各种卡类的数量，右边为出场时刷卡的数据。界面的左上方为操作员的当班信息，收费免费金额、换班、剩余车位数等信息，中间为各出入口的有关信息，选中某个出入口后，右键可选择开闸、关闸、暂停使用、属性等功能，单击道闸状态后可以切换到图标显示出入口的状态。界面右下角为信息栏，系统工作流程中的重要信息都会显示在此栏中，出现错误的时候可以查看是什么情况出现的。在界面最下面一排显示为功能栏，通过按 F2～F12 以调用不同的功能。

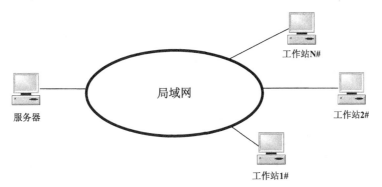

图 5-17　C/S 网络架构示意图

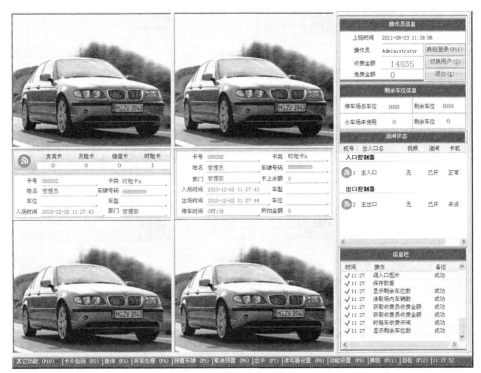

图 5-18　出入管理

（2）F2 卡片检测。

按 F2 键出现下图 5-19 所示信息窗口。检测卡片时，在控制机上刷卡（"功能设置"的"常规"中设为检测口机号的控制机），也可通过录入卡号、车牌号码、姓名来检测，此时显示存储在卡片上的各种信息，分为以下四种。

① 发行记录，写在数据库中的发行数据。

② 卡片记录，从 IC 卡的卡上读出来的数据。

③ 出入记录，通过此卡号记录入场、出场的明细。

④ 下发控制器，此卡在每个控制器中的详细记录。

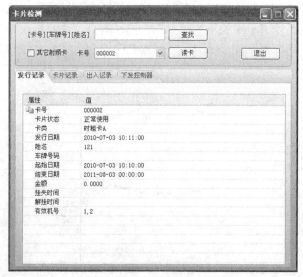

图 5-19　卡片检测

（3）F3 查询。

在出入管理界面中按 F3 键打开查询功能。查询时可根据简单的条件进行查询，只能查询入场数据或者查询出场数据。在查询数据时可以同时进行车辆出入的处理，但尽量在没有车辆出入的情况下进行查询数据，如图 5-20 所示。

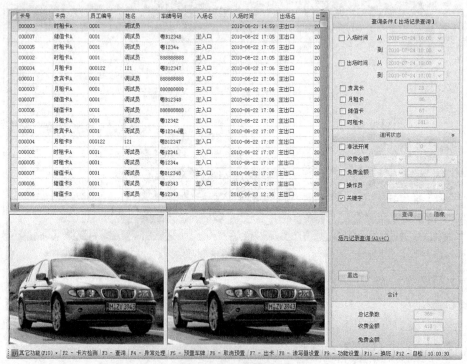

图 5-20　数据查询

（4）F4 异常处理。

异常处理又为场内卡处理。需要处理的卡一般为出卡机出卡后没有被取走又被吞回的卡，或是刷完入场卡后，车辆并没有入场等一些特殊的场内卡。处理这些卡需要刷两次卡，刷一次为读卡，如图 5-21 所示，读完卡后再刷卡则为写回场外卡。

（5）F5 预置车牌。

用于临时车入场时将车牌号码输入时租卡或纸票（先预置车牌，再按发卡按钮发时租卡）。按下 F5 键弹出，如图 5-22 所示对话框。从中选择一个省份简称代码，单击"确定"，再输入车牌号码。卡的类型默认为上次预置的卡类。预置车牌是将本电脑的所有入口都预置成此车牌号，同时在数据库中也进行记录。因此，一台计算机带两个以上的入口，则预置好车牌后，车辆如果不入场，则一定要按 F6 键取消预置。

图 5-21　异常处理

图 5-22　预置车牌

（6）F6 取消预置。

预置车牌完成后发现预置错误或不需要预置车牌可按此键取消。按下 F6 键后，在信息栏中会显示取消预置成功与否的信息。

（7）F7 出卡。

按一下 F7 键，出卡机就会发出一张卡，这样当出卡按钮坏掉或由于地感死机等原因造成按钮无法正常出卡时，就可以用 F7 键代替出卡按钮，也可将出卡按钮功能进行屏蔽而只用 F7 键出卡，用于控制临时车辆入场，工作人员可以选择性地决定是否让临时车入场。按下 F7 后，在信息栏中会显示出卡成功与否的信息。

（8）F8 读写器设置。

读写器设置是对本计算机所有控制器的配置，并且对控制器的参数设定，共分为四个页面。

① 基本资料。

对本机所管理的控制器的维护。此处的设定是决定系统是否正常工作的重大因素，因此，此处所能设定的，只有在管理中心设定好了，此处才能设定，但出入口、开闸方式等，一定需与硬件配套。机号与开闸机号，读卡机号与开闸机号的设置，当入口控制机带有纸票机时，机号设置最大为 19 号，如果机号超过 19 号会出现纸票机无法使用的提示信息。系统不一定由读卡的控制机来控制电动挡车器，可能在 A 控制机上刷卡而由 B 控制机开启电动挡车器或 A 控制机根本就没有与对应的电动挡车器进行直接连接，所以还需要设置该控制机刷卡成功后执行开闸动作的控制机的机号，如图 5-23 所示为读写器设置。

图 5-23 读写器设置

② 基本功能。

分 3 个功能：一是系统加密，即对控制器的 IC 卡读写的密码进行加载。进入系统加密需要录入正确的密码，密码为 Fujica Server 服务管理器中的参数设置中的操作入口密码。二是加载收费标准。收费标准是在管理中心进行设定好的，此处只需加载到控制器中。在出入管理界面中，系统也会自动检测收费标准是否已更新。如果更新系统也会自动加载收费标准。三是校验下位机数据，是将黑白名单卡号下载到控制器中，以达到脱机情况下能够正常使用。

③ 常用功能。

即对系统经常使用到的功能进行加载，如加载读取时间，还有一些设定如读卡模式、满位读卡模式等。注意：初始化功能一定要谨慎使用。

④ 其他功能。

此功能是对显示屏、纸票的内容进行修改，开闸延时、定点收费的免费时间进行设定等。

（9）F9 系统功能设置。

系统功能中的选项分常规、图片管理、车卡管理、收费标准、羊城通、自动识别、高级选项等。

部分功能项具有以下功能。

① 常规：分别设置通信串口、开机箱灯时间、检测口、临时出口、顾客显示屏、条码阅读器、挡车器锁定功能、出场打印票据、交接班打印报表、保存数据库日志等功能。保存数据库日志的功能一般情况不用，而是在系统运行时有问题的情况下使用，方便研发人员分析问题所用。

② 图片管理：所有与出入管理中的图像有关的设定。

③ 车卡管理：所有与卡片管理有关的设定。

④ 收费标准：设定是否采用预置车牌的深圳收费模式的收费标准。一天只收取每天的最

高金额，一天内多次进出不重复收费。

其他功能项不详述。

（10）主控设置。

进入主控设置与进入系统加密都需要录入正确的密码，如图 5-24 所示。密码为 Fujica Server 服务管理器中的参数设置中的操作入口密码。

图 5-24　密码验证

密码验证通过后，进入主控设置界面，如图 5-25 所示，此设置项用于对 AIC 主控制器通过软件来实现硬件设置，取代以往硬件手动设置的不便之处。

图 5-25　主控设置

① 读取主控参数：系统默认机号为 0，输入当前的机号后，即可读取其主控参数。如果不知道当前主控制器的机号，首先应该读取机号（注：读取机号时只能对当前一台机进行，其他机必须断电，否则会出现故障），然后就可以读取到此机号的主控参数，以便与软件的系统设置相对应。

② 设置主控参数：根据此主控制器的实际使用情况对当前机号的每一块主控制器进行设置，配置好所有的主控制器后，再进入系统设置对软件进行设置。注意：软件设置项必须与主控制器配置相对应，否则软件运行时因冲突会出错，整个系统将无法正常运行。

"主控设置参数"针对主控制器通过软件进行设置，其中机号可由软件设置。设置方法为：输入或读取旧机号，再输入新机号，单击更改机号即可。

机号也可通过硬件设置，硬件设置用于无管理计算机的情况下，设置方法为以下步骤。

a. 将主板上机号设置跳线 JP2 短接，重新启动主板（即重新断电并通电）。

b. 主板重新启动后鸣叫一声，指示灯 L3 不闪，此时按主板上 S7 按钮，按第一次时，机号变为 0，以后每按一次，主板鸣叫一声，机号则加 1，即按第一次后机号为 0，按第二次后机号为 1，依此类推。

  c. 当设置到自己需要的机号时，将 JP2 跳线断开。

  d. 重新启动主板，指示灯 L3 闪烁，地址设置成功。

  ③ 读取版本号，通过此按钮可以查看当前所使用主控制器程序的版本号及工单号，以便于维护。

  IC 卡使用的区号，停车场默认为 1 区，如果使用其他区可在此选择，应与管理中心的停车场区号一致。

  ④ 出入口设置、车场设置：根据实际情况选择出/入口、大/小车场。

  ⑤ ID 卡地感设置：仅针对 ID 卡，默认时为需地感读卡，当远距离 ID 卡要实现无地感读卡工作状态，可单击选择为无地感读卡。（注："读写器设置"—"功能设置"中读卡模式设置是针对 IC 及 ID 卡，默认时为需地感读卡，IC 卡如要实现无地感读卡，应勾选为"无地感读卡"，此时 ID 卡地感设置无意义）

  ⑥ ID 卡进出设置：ID 一进一出/ID 多进多出，一进一出只能由电脑在线实现，进出设置应与系统设置相一致。

  ⑦ 卡机设置：出卡机/纸票机，出卡机模式下需选择出卡机型号为 T6/T3，以及卡片为IC/ID 卡。

  ⑧ IC 卡模式：写卡模式/下载模式（即 IC 当 ID 用的情况），写卡模式下可选择为标准一进一出/不打出入场标志（即 IC 卡多进多出），根据需要选择为不产生非法记录/产生非法记录（如为产生非法记录，可以在软件界面上提示卡片异常原因，如"此卡已入场"等信息）。

  ⑨ Wiegand1 设置：第 1 路韦根设置为近距离读头/远距离读头。

  ⑩ Wiegand2 设置：第 2 路韦根设置为近距离读头/远距离读头。

  ⑪ 系统模式：标准进出/带吞卡机（中央收费），中央收费模式下可选择为标准吞卡机功能/无中央收费点，出口直接吞卡开闸。

  ⑫ POS 机功能：标准（即不带 POS 机打折功能）/带 POS 机打折功能。

（11）遗失卡处理。

  如图 5-26 所示为异常卡处理，将刷卡进场后却在场内将卡遗失的记录核销，同时查明遗失卡的资料以方便将该卡挂失。

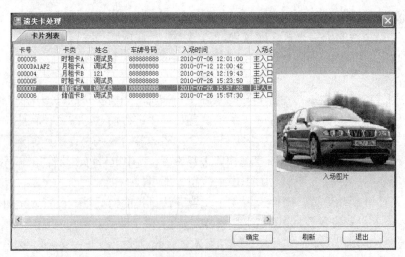

图 5-26 遗失卡处理

（12）F11 换班。

两个值班操作员交接班时按此键，在监控界面的右上角出现登录窗口，此时等待上班的操作人员在此输入自己的管理卡号（或在设定的读卡器/控制机上刷卡）和密码即完成换班。切换用户与换班操作方式一样，不同之处为切换用户后可以按新用户的权限操作，但读取的记录还是在当班操作员上，直接注销就可回到当班的操作员的权限，如图 5-27 所示。

图 5-27　交班与切换用户

3．自检

需要清楚整个系统当前的工作状态时按此键。系统会逐一检测并显示各个主要设备的当前工作状态。

4．临时车辆收费窗口

当车辆进出时，系统会自动根据卡类的不同做相应的处理。开闸方式的不同决定了车辆进出的速度。自动开闸则是读到数据自动开闸，车辆通行速度较快；确定开闸则需要操作员确定信息安全后才能开闸，速度慢但保证了车辆的安全；临时车辆还需收取临时停车费用后由保安开闸放行，在开闸时有收费开闸、免费开闸、证件抓拍三种放行方式，如图 5-28 所示。

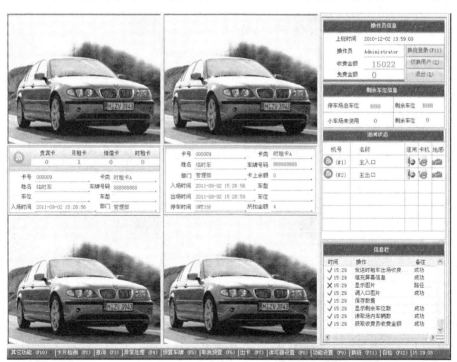

图 5-28　出入管理的时租卡收费窗口

5．无卡延期/充值功能

此功能是针对 IC 卡的远程延期/充值所用，因 IC 卡需写卡后才能使用，因此，在管理中心对其卡片进行无卡延期后，业主将 IC 卡在停车场进入口刷卡后会出现图 5-29 所示画面，操作员确定后提示再将卡片放上控制器进行写卡，听到响声后才可拿开卡，如图 5-30 所示，消失即延期/充值成功。

图 5-29　补充延期/充值提示　　　　　　　　　图 5-30　自动延期/充值

三、设备条件

1. 入口控制机组件（控制板、语音板、状态板）。
2. 出口控制机组件（控制板、语音板、状态板）。
3. 出入口控制机显示屏。
4. 停车场模拟出入口实训组。
5. 停车场管理软件（配套含车牌识别、集成接口）。
6. 万用表、连接导线。

四、实施流程

一卡通管理中心软件操作与数据管理流程如图 5-31 所示。

五、实施步骤

1. 停车场管理系统结构示意图如图 5-32 所示。按照示意图完成一进一出一套停车场的硬件连接。

2. 按图接线，组建一套停车场系统，注意系统电源线和通信线的连接。

3. 停车场系统卡片的发行：【一卡通管理中心】—【卡片管理操作】—【卡片发行】—将卡片放在发行器上感应，通信正常时，选择相对应的【持卡人编号】、【卡类】、【车场权限】—单击发行，具体如图 5-33 所示。要求发行月卡 1 张，卡主为深圳；发行临时卡 1 张，要求收费 20 元。

4. 停车场管理平台软件的基本操作：【一卡通管理中心】—【人事管理】—【部门信息】新增信息设置—【人员信息】新增信息设置。

5. 车场管理系统参数的查询及历史数据的备份（备份历史数据、收费参数、月卡过期数量、系统总的月卡总数、操作日志等）。

6. 服务器的运行与停止：【开始】—【程序】—打开"SQL Server 2000 数据库服务器"。

7. 通过车辆进出场示范操作、调用历史数据验证系统功能。

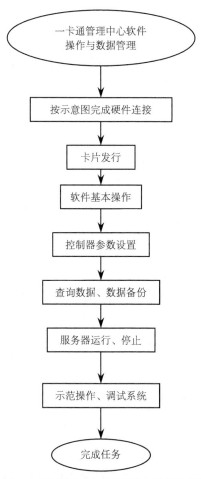

图 5-31　一卡通管理中心软件操作与数据管理流程图

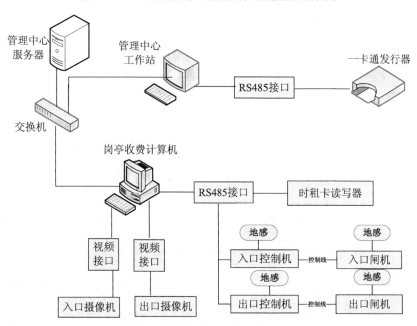

图 5-32　停车场管理系统结构示意图

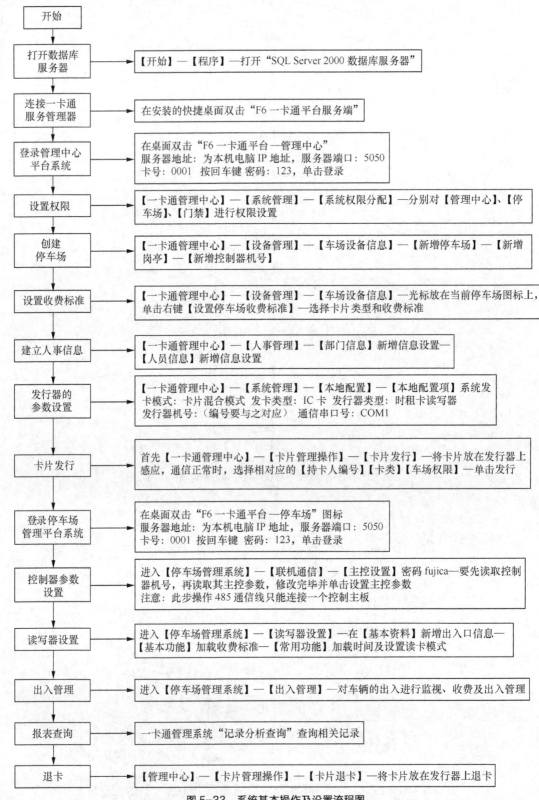

图 5-33　系统基本操作及设置流程图

实训（验）项目单

姓名：_____ 班级：_____ 班 学号：_____ 日期：___年___月___日

项目编号		课程名称		训练对象		学时	
项目名称			成绩				
目的							

一、所需工具、材料、设备（5分）

二、实训要求

1. 根据系统结构示意图组装一套一进一出停车场管理系统。
2. 卡片发行，月卡1张（卡主：自己的姓名，有效期3个月）、临时卡1张（要求收费25元）。
3. 停车场管理系统参数的查询及历史数据的备份。要求按照日期备份历史数据、当日收费数据、月卡过期数量、有效月卡数量、系统总的月卡总数、操作日志等查询。
4. 临时发卡器参数的设置。
5. 通过车辆进出场示范操作、调用历史（一个月前的）数据验证系统功能。

三、实训步骤（75分）

1. 按照图5-32完成系统硬件连接，组建一套停车场系统。（15分）

2. 停车场系统卡片的发行。临时发卡器参数设定。（15分）

3. 停车场管理平台软件的基本操作，参数查询及历史数据备份。（20分）

4. 服务器的运行与停止。（10分）

5. 通过车辆进出场示范操作。调用历史数据验证系统功能。（15分）

四、思考题（10分）

1. 临时发卡时需要设置哪些参数 ？（5分）

2. 停车场管理系统数据备份方式有哪几种?（5分）

五、实训总结及职业素养（10分）

评语：

教师：　　　　　　年　　月　　日

任务三 停车场管理系统的故障判断及处理

一、任务描述

小区有两进两出停车场管理系统，因有一个入口一个出口无法正常运行，需要进行故障排除。据用户描述，控制中心无法监控此出入口的控制器及闸机、现场卡机读卡后不起闸、控制中心也看不到进出口车道的图像。需要对停车场管理系统的线路故障、软件故障进行判断及处理，尽快恢复系统正常运行，保证系统自动收费与车辆管理。本任务有以下要求。

1. 诊断并排除无法通信故障。
2. 诊断并排除无图像信号故障。
3. 诊断并排除不起闸故障。
4. 诊断并排除软件无法与控制器通信故障。
5. 诊断并排除无法发卡故障。
6. 控制器参数设置与修改。

二、知识准备

1．停车场管理系统常见故障及解决方案

（1）所有读卡机不能通信。检查各读卡机是否正常开机（给予正常开机），检查串口是否设置错误（确定所使用串口），检查通信总线是否存在短路或断路（排除通信线故障），检查RS-485通信卡是否损坏（更换RS-485卡）。

（2）部分读卡机不能通信。检查读卡机是否正常开机（给予正常开机），检查读卡机机号设置是否正确（确定机号重新设置），检查主控板通信芯片是否损坏（更换通信芯片），检查主控板读卡芯片是否损坏（更换读写芯片），检查读卡板读写模块是否损坏（更换读写模块）、读卡板故障（更换读卡板）。

（3）读卡机正常开机后所有卡均无法读取。确定设备是否有车读卡（模拟车辆压地感读卡），检查读卡机时间是否正确（重新加载正确时间）。

（4）读卡机正常开机后部分卡无法读取。检查IC卡是否挂失（清除读卡机内挂失记录），检查IC卡是否过期（给予IC卡延期）。

（5）读卡机正常读卡后无法开启自动挡车器。检查读卡后读卡板有无输出开闸信号，如有开闸信号输出，说明故障在于自动挡车器；检查读卡板与自动挡车器之间开闸信号线是否断路（排除断路现象）；检查读卡板开闸输出电路光耦或三极管是否损坏（更换光耦或三极管）；检查读卡板是否存在故障（更换读卡板）。

（6）进入"出入管理"后无进出口图像。检查视频线是否插好（插好视频插头），检查视频线接头是否老化脱焊（重新制作视频接头），检查摄像机变压器是否损坏（更换变压器），视频捕获卡驱动程序的故障（重新安装视频捕获卡驱动程序），视频捕获卡故障（更换视频捕获卡）。

（7）读卡板蜂鸣器不停鸣叫。读卡板存储参数错乱（重新初始化并加载参数），检查读写芯片与读写模块是否损坏（更换读写芯片或读写模块），读卡板故障（更换读卡板）。

（8）工作站电脑打不开软件。重新安装软件了以后，是否添加了配置设置（把软件安装盘中配置设置复制粘贴到软件的安装目录）；检查工作站和服务器电脑网络是否通（使网络连

通）；服务器电脑是否开机（打开服务器电脑）；连接数据库是否正确（连接正确数据库）。

（9）读卡后不开闸。在入口读卡不开闸，如果是场内卡在电脑左上角会显示"此卡已入场"，说明卡已经入场，不能再入场；在出口读卡不开闸，如果是场外卡在电脑左上角会显示"此卡已出场"，说明卡已经出场，不能再出场。

2．RS-485 系统的常见故障及处理方法

（1）系统完全瘫痪。大多是因为某节点芯片的 VA、VB 被电源击穿，使用万用表测 VA、VB 差模电压，若为零且对地的共模电压大于 3V，此时可通过测共模电压大小来排查，共模电压越大说明离故障点越近，反之越远。

（2）总线连续几个节点不能正常工作。一般是由其中的一个节点故障导致的。一个节点故障会导致邻近的 2～3 个节点（一般为后续）无法通信，因此将其逐一与总线脱离，如某节点脱离后总线能恢复正常，说明该节点故障。

（3）集中供电的 RS-485 系统在上电时常常出现部分节点不正常，但每次又不完全一样。这是由于对 RS-485 的收发控制端 TC 设计不合理，造成微系统上电时节点收发状态混乱从而导致总线堵塞。改进的方法是将各微系统加装电源开关然后分别上电。

（4）系统基本正常但偶尔会出现通信失败。一般是由于网络施工不合理导致系统可靠性处于临界状态，最好改变走线或增加中继模块。应急方法是将出现失败的节点更换成性能更优的芯片。

（5）因 MCU 故障导致 TC 端处于长发状态而将总线拉死一片。切记不要忘记对 TC 端的检查。尽管 RS-485 规定差模电压大于 200mV 即能正常工作，但实际上，一个运行良好的系统其差模电压一般在 1.2V 左右（因网络分布、速率的差异有可能使差模电压在 0.8～1.5V 范围内）。

3．调试系统

（1）控制机上电试触三次，没有异常则开始进行联机调试。接通电源，听到"嘀"的一声，系统开始工作，显示屏显示"请使用"。如果有出卡机，则出卡机会发出比控制机较为响亮的"嘀"的一声，如果出卡机内无卡片，随后按照一长二短的"嘀"声开始报警。若是上电无声音或有异味，请迅速关闭空气开关检查相关接线和芯片。

（2）机箱绝缘测试。断电情况下，用兆欧表测试交流 220V 端子与机箱间的绝缘电阻，不小于 100MΩ 为合格。

（3）系统设置。

① 设置串口。根据管理电脑的硬件配置在"一卡通管理中心"和"停车场管理系统"的软件中选择合适的通信串口。

② 系统设置。根据系统功能及配置要求在"停车场管理系统"软件的"系统设置"中选择合适的设置方式设置停车场的基本功能。

③ 通信质量测试。利用"停车场管理系统"软件"联机通信"的"读写器设置"功能中的连续读取时间的方法测试通信的质量。以 2 次/秒的速度测试 100 次，读取失败的次数≤3 为合格。

（4）岗位口设置。

根据硬件的跳线机号在"停车场管理系统"软件"系统设置"中的"岗位口设置项目中选择相应的机号及出/入口，根据实际情况选择所需的开闸设置、图像监控口及出卡机的有/无。

（5）功能设置。

打开"功能设置"界面，对里面的功能逐项测试，并保证每项功能均正常。调试完以后清除设置内容。

（6）收费标准测试。

根据客户的要求将相应收费标准加载到下位机。如果没有明确的收费标准要求，调试人员只需选择第一种收费方式并进行设置加载即可。

4．系统维护常识

（1）定期为读卡控制机内的发卡机、控制机内的散热风扇、电路板等部件除尘。

（2）剩余车位显示屏等配套设备也必须定期除尘。除尘时一般选用柔软的毛刷，以免损坏各器件。

（3）定期检查读卡控制机内的散热风扇工作是否正常，以保证控制机内散热良好。

（4）定期检查各设备的地线连接是否良好，以保证设备使用安全可靠。

（5）定期对数据库进行备份以防止数据库或操作系统被破坏，造成数据丢失。备份数据库时，可以通过系统。

（6）对管理软件或数据库管理软件进行备份和恢复。数据备份的一般备份到安全可靠的计算机上。

（7）定期对数据库进行归档，以提高查询、统计速度。

（8）管理软件一般安装到系统盘，管理软件的安装目录下不能再存放或安装其他程序文件。

5．系统设计一般规定

（1）系统的防护能力由所用设备的防护面外壳的防护能力、防破坏能力、防技术开启能力以及系统的控制能力、保密性等因素决定。系统设备的防护能力由低到高分为 A、B、C 三个等级，分级方法宜符合相关的规定。

（2）系统响应时间应符合下列规定。

① 在单级网络的情况下，现场报警信息传输到出入口管理中心的响应时间不大于 2s。

② 除工作在异地核准控制模式外，从识读部分获取一个钥匙的完整信息始至执行部分开始启闭出入口动作的时间不大于 2s。

③ 在单级网络的情况下，操作（管理）员从出入口管理中心发出启闭指令始至执行部分开始启闭出入口动作的时间不大于 2s。

④ 在单级网络的情况下，从执行异地核准控制后到执行部分开始启闭出入口动作的时间不大于 2s。现场事件信息经非公共网络传输到出入口管理中心的响应时间应不大于 5s。

（3）系统计时、校时应符合下列规定。

① 非网络型系统的计时精度应小于 5s/d；网络型系统的中央管理主机的计时精度应小于 5s/d，其他的与事件记录、显示及识别信息有关的，各计时部件的计时精度应小于 10s/d。

② 系统与事件记录、显示及识别信息有关的计时部件应有校时功能。在网络型系统中，运行于中央管理主机的系统管理软件每天宜设置向其他的与事件记录、显示及识别信息有关的各计时部件校时功能。

③ 系统报警功能分为现场报警、向操作（值班）员报警、异地传输报警等。报警信号应为声光提示。

三、设备条件

1. 入口控制机组件（控制板、语音板、状态板）。
2. 出口控制机组件（控制板、语音板、状态板）。
3. 出入口控制机显示屏。
4. 停车场模拟出入口实训组。
5. 停车场管理软件（配套含车牌识别、集成接口）。
6. 万用表、连接导线。

四、实施流程

停车场管理系统的故障判断及处理流程如图 5-34 所示。

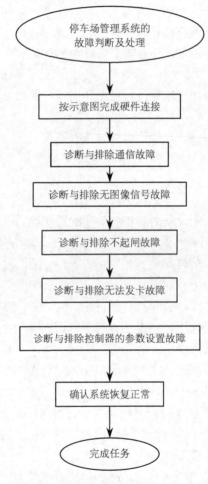

图 5-34 停车场管理系统的故障判断及处理流程图

五、实施步骤

1. 系统结构示意图如图 5-32 所示。按照示意图完成一进一出一套停车场的硬件连接。
2. 诊断与排除通信故障
（1）确定计算机、RS-485 转换接口、控制器的线路是否正常。
（2）测量 RS-485 规定差模电压是否在 0.8～1.5 范围内。

（3）检测各个设备电源是否正常。

3. 诊断与排除无图像信号故障

（1）确定摄像机是否正常。

（2）确定视频线是否畅通。

（3）确定摄像机电源是否正常。

（4）确定视频卡是否工作正常。

4. 诊断与排除不起闸故障

（1）测量控制器与闸机的控制线是否正常。

（2）用手动起闸确定闸机是否正常。

（3）测量地感工作是否正常。

5. 诊断与排除无法发卡故障

（1）确定发卡器与计算机的通信是否正常。

（2）确定卡片与发卡器间距离是否在合理范围内。

（3）确定发卡器的参数设置是否正常。

6. 诊断与排除控制器的参数设置故障。按照图 5-33 所示设置控制器的参数。

7. 确认系统是否恢复正常。根据图 5-33 所示，进行操作验证系统功能。并通过车辆进出确定系统是否恢复正常。

实训（验）项目单

姓名：＿＿＿＿＿＿　班级：＿＿＿＿＿班　学号：＿＿＿＿＿＿　日期：＿＿年＿＿月＿＿日

项目编号		课程名称		训练对象		学时	
项目名称			成绩				
目的							

一、所需工具、材料、设备（5分）

二、实训要求

1. 根据系统结构示意图组装一套一进一出停车场管理系统，确保系统中存在软硬件故障。
2. 小组之间进行交换，甲组查询乙组的系统故障，乙组查询甲组的系统故障。
3. 软硬件故障诊断及排除。
4. 确保系统正常工作。

三、实训步骤（75分）

1. 按照图 5-32 完成系统硬件连接，组建一套停车场系统，并确保系统中存在硬件及软件故障 。（15分）
2. 诊断与排除通信故障。（10分）
3. 诊断与排除无图像信号故障。（10分）
4. 诊断与排除不起闸故障。（10分）
5. 诊断与排除无法发卡故障。（10分）
6. 诊断与排除控制器的参数设置故障。（10分）
7. 将故障排除情况填入表格并确认系统是否恢复正常，并通过车辆进出确定系统是否恢复正常。（10分）

序号	故障原因	故障位置	排除方法

四、思考题（10分）

1. 产生通信故障的原因有哪些？（5分）

2. 如何排除道闸不起闸故障？（5分）

五、实训总结及职业素养（10分）

评语：

教师：　　　　　　年　月　日

附录A 中华人民共和国公共安全行业标准

安全防范系统通用图形符号

1．主题内容与适用范围

本标准规定了安全防范系统技术图形符号。

本标准适用于科研、设计、教学、出版、建筑、施工等部门绘制安全防范系统图。

2．引用标准

GB1.5 标准化工作导则	符号、代号标准编写规定
GB4728.3 电气图用图形符号	导线和连接器件
GB4728.6 电气图用图形符号	电能的发生和转换
GB4728.8 电气图用图形符号	测量仪表、灯和信号器件
GB4728.10 电气图用图形符号	电信：传输
GB4728.11 电气图用图形符号	电力、照明和电信布置

GB7093.1~7093.4 图形符号表示规则

GB10408.1~10408.5 入侵探测器

IEC574-8 声频-视频录像和电视设备及其系统　　第八部分符号和标志

3．图形符号

编号	图形符号	名称	英文	说明
3.1		周界防护装置及防区等级符号		
3.1.1		栅栏	fence	单位地域界标
3.1.2		监视区		区内有监控,人员出入受控制
3.1.3				全部在严密监控防护之下,人员出入受限制
3.1.4			forbidden zone	位于保护区内,禁区人员出入受严格限制
3.1.5		保安巡逻打卡器		
3.1.6		警戒电缆传感器	guardwire cable-sensor	
3.1.7		警戒感应处理器	guardwire sensor processor	

编号	图形符号	名称	英文	说明
3.1.8		周界报警控制器	console	
3.1.9		界面接口盒	interface box	
3.1.10	Tx — IR — Rx	主动红外入侵控测器	active infrared intrusion detector	发射、接收分别为Tx、Rx
3.1.11	W	张力导线探测器	tensioned wire detector	
3.1.12	E	静电场或电磁场探测器	electrostatic or electromag netic fence detector	
3.1.13	Tx — M — Rx	遮挡式微波探测器		
3.1.14	L	埋入线电场扰动探测器	buried line field disturbance detector	
3.1.15	C	弯曲或震动电缆探测器	flex or shock sensitive cable detector	
3.1.16	d	微音器电缆探测器	microphonic cable detector	
3.1.17	F	光缆探测器	fibre optic cable detector	
3.1.18		压力差探测器	pressure differential detector	
3.1.19	H	高压脉冲探测器	high-voltage pulse detector	
3.1.20	LD	激光探测器		
3.2		出入口控制器材		
3.2.1		楼寓对讲电控防盗门主机	Mains control module for flat intercom electrical control door	
3.2.2		对讲电话分机	interphone handset	

编号	图形符号	名称	英文	说明
3.2.3		锁匙电开关	key controlled switches	
3.2.4		密码开关	code switches	
3.2.5		电控锁	electro-mechanical lock	
3.2.6		电锁按键	button for electro-mechanic lock	
3.2.7		声控锁	acoustic control lock	
3.2.8		出入口数据处理设备		
3.2.9		可视对讲机	video entry security intercom	
3.2.10		读卡器	card reader	
3.2.11		键盘读卡器		
3.2.12		指纹识别器	fingerprint verfier	
3.2.13		掌纹识别器	palmorint verifier	
3.2.14		人像识别器		
3.2.15		眼纹识别器		

附录 A　中华人民共和国公共安全行业标准安全防范系统通用图形符号

编号	图形符号	名称	英文	说明
3.2.16		卡控叉形转栏		
3.2.17		卡控旋转栅门		
3.2.18		卡控旋转门		
3.3		报警开关		
3.3.1		紧急脚挑开关	deliberately-operated device(foot)	
3.3.2		钞票夹开关	money clip(spring or gravity clip)	
3.3.3		紧急按钮开关	deliberately-operated device(manual)	
3.3.4		压力垫开关	pressure pad	
3.3.5		门磁开关	magnetically-gperated protective switch	
3.4		视、听器材		
3.4.1		声控装置	audio surveillance device (microphone)	
3.4.2		报警自动照相机	security camera,still-frame	
3.4.3		视频印像机		
3.5		振动、接近式探测器		

编号	图形符号	名称	英文	说明
3.5.1		声波探测器	acoustic detector(airborne vibration)	
3.5.2		分布电容探测器	capacitive proximity detector	
3.5.3		压敏探测器	pressure-sensitive detector	
3.5.4		玻璃破碎探测器	glass-break detector(surface contact)	
3.5.5		振动探测器	vibration detector(structural)	
3.5.6		振动声波复合探测器	structural and airborne vibration detector	
3.6		空间移动探测器		
3.6.1		被动红外入侵探测器	passive infraed intrusion detector	
3.6.2		微波入侵探测器	microwave intrusion detector	
3.6.3		超声波入侵探测器	ultrasonic intrusion detector	
3.6.4		被动红外/超声波双技术探测器	IR/U dual-tech motion detector	
3.6.5		被动红外/微波双技术探测器	IR/U dual-technology detector	
3.6.6		三复合探测器		X,Y,Z 也可是相同的,如：X=Y=Z=IR

续表

编号	图形符号	名称	英文	说明
3.7		声、光报警器		具有内部电源
3.7.1		声、光报警箱	alarm box	
3.7.2		报警灯箱	beacon	
3.7.3		警铃箱	bell	
3.7.4		警号箱	siren	
3.8		控制和联网器材		
3.8.1		密码操作报警控制箱	keypad operated control equipment	
3.8.2		开关操作控制箱	key operated control equipment	
3.8.3		时钟或程序操作控制箱	timer or programmer operated control equipment	
3.8.4		灯光示警控制器	visible indication	
3.8.5		声响告警控制箱	audible indecation equipment	
3.8.6		开关操作声、光报警控制箱	key operated,visible & audible indication equipment	
3.8.7		打印输出的控制箱	print-out facility equipment	
3.8.8		电话报警联网适配器		
3.8.9		保安电话	alarm subsidiary interphone	

编号	图形符号	名称	英文	说明
3.8.10		密码操作电话自动报警传输控制箱	key pad control equipment with phone line transeiver	
3.8.11		电话联网，电脑处理报警 接收机	phone line alarm receiver with computer	
3.8.12		无线报警发射装置器	radio alarm transmitter	
3.8.13		无线联网电脑处理报警接收机	radio alarm receiver with computer	
3.8.14		有线和无线报警发送装置	phone and radio alarm transmitter	
3.8.15		有线和无线网电脑处理接收机	phone and radio alarm receriver with computer	
3.8.16		模拟显示板	emulation display panel	
3.8.17		安防系统控制台	control table for security system	
3.9		报警传输设备		
3.9.1	P	报警中继数据处理机	processor	
3.9.2	Tx	传输发送器	transmitter	
3.9.3	Rx	传输接收器	receiver	
3.9.4	Tx/Rx	传输发送、接收器	transceiver	

续表

编号	图形符号	名称	英文	说明
3.10		电视监控器材		
3.10.1		标准镜头器	standard lens	
3.10.2		广角镜头	pantoscope lens	
3.10.3		自动光圈镜头	auto iris lens	
3.10.4		自动光圈电动聚焦镜头	auto iris lens,motorized focus	
3.10.5		三可变镜头	motorized zoom lens motorized iris	
3.10.6		黑白摄像机	B/w camera	
3.10.7		彩色摄像机	color camera	
3.10.8		微光摄像机器	star light leval camera	
3.10.9		室外防护罩器	outdoor housing	
3.10.10		室内防护罩	indoor housing	
3.10.11		时滞录像机	time lapse video tape recorder	
3.10.12		录像机	video tape recorder	普通录像机,彩色录像机通用符号
3.10.13		监视器（黑白）	B/w display monitor	
3.10.14		彩色监视器	color monitor	
3.10.15		视频报警器	video motion detector	

续表

编号	图形符号	名称	英文	说明
3.10.16	VS	视频顺序切换器	sequential video switcher	X 代表几位输入 Y 代表几位输出
3.10.17	AV	视频补偿器	video compensator	
3.10.18	TG	时间信号发生器		
3.10.19	VD	视频分配器		X 代表输入 Y 代表几位输出
3.10.20		云台		
3.10.21		云台、镜头控制器		
3.10.22	(X)	图像分割器		X 代表画面数
3.10.23	O/E	光、电信号转换器		GB4728.10
3.10.24	E/O	电、光信号转换器		
3.11		电源器材	power supply unit	与其他设备构成整体时,则不必单独另画
3.11.1	PSU	直流供电器	combination of rechargeable battery and transformed charger	具有再充电电池和变压器充电器组合设备

编号	图形符号	名称	英文	说明
3.11.2		交流供电器	main supply power source	
3.11.3	PSU	一次性电池	battery supply power source	
3.11.4	PSU	可充电的电池	battery or standby battery rechargeablue	
3.11.5	PSU	变压器或充电器	transformer or charger unit	
3.11.6	G PSU	备用发电机	standby generator	
3.11.7	UPS	不间断电源	uninterrupted power supply	
3.12		汽车防盗报警器		
3.12.1	MC	汽车防盗报警主机		
3.12.2	○ ○ IM	状态指示器		
3.12.3		寻呼接收机		
3.12.4		遥控器		
3.12.5	FD	点火切断器		
3.12.6		针状开关		

编号	图形符号	名称	英文	说明
3.12.7		汽车报警无线电台		GB4728.10
3.12.8		测向无线电接收电台		GB4728.10
3.12.9		无线电地标发射电台		GB4728.10
3.13		防爆和安全检查产品		
3.13.1		X 射线安全检查设备	X−ray security inspection equipment	
3.13.2		中子射线安全设备	neutron ray security inspection equipment	
3.13.3		通过式金属探测器		
3.13.4		手持式金属探测器		
3.13.5		排爆机器人		
3.13.6		防爆车	explosive proof car	
3.13.7		爆炸物销毁器		
3.13.8		导线切割器	lead cutter	

编号	图形符号	名称	英文	说明
3.13.9		防爆箱	explosive proof box	
3.13.10		防爆毯	explosive proof blanket	
3.13.11		防爆服	explosive proof uniform	
3.13.12		信件炸弹检测仪	letter check instrument for bomb	
3.13.13		防弹背心		
3.13.14		防刺服		
3.13.15		防弹玻璃		

附录B　系统管线图的图形符号

表 B1　电线图表符号

直流配电线	— — — —	单根导线	
控制及信号线		2 根导线	
交流配电线		3 根导线	
同轴电缆		4 根导线	
线路交叉连接		n 根导线	
交叉而不连接		视频线	
光导纤维		电报和数据传输线	
声道		电话线	
		屏蔽导线	

表 B2　配线的文字符号

明配	M	暗配线	A
瓷瓶配线	CP	木槽板或铝槽板配线	CB
水煤气管配线	G	塑料线槽配线	XC
电线管（薄管）配线	DG	塑料管配线	VG
铁皮蛇管配线	SPG	用钢索配线	B
用卡钉配线	QD	用瓷夹或瓷卡配线	GJ

表 B3　线管配线部位的符号

沿钢索配线	S	沿梁架下弦配线	L
沿柱配线	Z	沿墙配线	Q
沿天棚配线	P	沿竖井配线	SQ
在能进入的吊顶内配线	PN	沿地板配线	D